Berichte

des

Verbandes der Laboratoriums-Vorstände
an deutschen Hochschulen.

Zwanzigstes Heft.
(1. Oktober 1918.)

Leipzig.
Verlag von Veit & Comp.
1918.

INHALT.

Duplikate.

Im Laufe des Jahres ist der Verlust folgender Zeugnisse angezeigt worden. Die Inhaber erhielten Duplikate.

Nr.	Inhaber	Aussteller
9751	Otto Gfrörer	Prof. Paal (Orig.-Zeugn. Prof. Le Blanc)
8153	Heinrich Sarres	Prof. Paal (ohne Prüfung in org. Chem.)

A.

Das Braunschweiger Statut

des Verbandes der Laboratoriums-Vorstände an deutschen Hochschulen.

---

1. Zur Pflege und Förderung des chemischen Unterrichtes an den deutschen Universitäten und technischen Hochschulen bilden die Vorstände der chemischen Unterrichtslaboratorien einen Verband, der den Namen

„Verband der Laboratoriums-Vorstände an deutschen Hochschulen"

führt und seinen Sitz in München hat.

2. Mitglied des Verbandes wird auf seinen Antrag jeder Vorstand eines chemischen Unterrichtslaboratoriums an einer der unter 1. genannten Anstalten.

3. Der Verband verfolgt seine Zwecke:

a) durch den Verkehr mit Behörden und anderen Körperschaften;

b) durch Vereinbarungen über gemeinsame Maßnahmen zur Sicherung einer gründlichen Ausbildung der Studierenden;

c) durch die Herausgabe einer Verbandszeitschrift;

d) durch den persönlichen Verkehr der Mitglieder.

4. Die Angelegenheiten des Verbandes werden durch einen Vorstand geleitet, der aus folgenden Gliedern besteht:

Erster und zweiter Vorsitzender;
Schriftführer, zugleich Leiter der Verbandszeitschrift;
Schatzmeister;
Zwei Beisitzer.

Die Glieder des Vorstandes werden auf je drei Jahre gewählt; jährlich scheiden zwei von ihnen aus; Wiederwahl ist zulässig.

5. Der Verband tritt in der Regel jährlich zu einer Hauptversammlung zusammen, welche den Rechenschaftsbericht des Vorstandes entgegennimmt, die Wahlen ausführt, über Zeit und Ort der nächsten Versammlung, sowie über eingelaufene Anträge beschließt.

Die Hauptversammlung beschließt mit einfacher Mehrheit; für Satzungsänderungen ist Zweidrittelmehrheit erforderlich.

Außerordentliche Versammlungen können durch den Vorstand und müssen auf Antrag von einem Drittel der Mitglieder einberufen werden.

Der Verband stellt sich zunächst folgende Aufgaben:

Zum Abschluß der Vorbildung der Studierenden findet eine praktische Prüfung in qualitativer, quantitativer und Maßanalyse, ferner eine mündliche Prüfung in der unorganischen, analytischen Chemie und in den Elementen der organischen Chemie statt, welche in der Regel durch den unmittelbaren Lehrer des Studierenden (Assistent, Abteilungsvorstand) in Gegenwart des Direktors abgenommen wird. Diese Prüfung ist einheitlich an allen dem Verband angehörigen Laboratorien, sie steht in keinem Zusammenhange mit dem Doktor- oder Diplom-Examen oder mit der Frage des Staatsexamens und gilt nur als Ausweis über die vom Verbande geforderten Kenntnisse.

Der Verband sieht es ferner als seine Aufgabe an, den Studierenden der technischen Hochschulen die Zulassung zur Promotion, sowie umgekehrt den Studierenden der Universitäten die Zulassung zu den Diplomprüfungen möglichst zu erleichtern.

Endlich soll der Verband eine korporative Vertretung gegenüber Behörden, Ministerien usw. bilden.

Die Berichte des Verbandes werden etwa Mitte September herausgegeben; sie enthalten die Register über die an den einzelnen Laboratorien ausgestellten Verbandszeugnisse und über die vollzogenen Promotionen (mit Angabe der bearbeiteten Themen) und die dazu gehörigen nach Hochschulen geordneten Übersichten.

Die Berichte können durch den Buchhandel oder vom Sekretär des Verbandes, Prof. Dr. A. Kliegl, Tübingen, Wilhelmstraße 33, bezogen werden.

Der Verband ist in Braunschweig am 19. September 1897 gegründet worden und trat mit dem 1. April 1898 in Tätigkeit. Das Geschäftsjahr beginnt am 1. Oktober. Der Jahresbeitrag ist an den stellvertretenden Schatzmeister, Herrn Prof. Dr. H. Simonis, Charlottenburg 2, Marchstraße 3, durch Postanweisung mit bezüglichem Vermerk einzusenden.

Verzeichnis des Vorstandes und der Mitglieder siehe Seite 25.

B.

Ausführungsbestimmungen

für die Verbandsprüfung,

angenommen in der Verbandsversammlung vom 12. März 1898.

---

§ 1.

Das Verbandsexamen besteht aus einer praktischen Prüfung in qualitativer, quantitativer und Maßanalyse und ferner in einer mündlichen Prüfung in analytischer und unorganischer Chemie, sowie in den Elementen der organischen Chemie.

§ 2.

Der Zweck dieser Prüfung ist ein dreifacher. Für die Studierenden soll dieselbe ein Abschluß für die Vorbereitungsstudien sein. Den Laboratoriumsvorständen soll dadurch ein Mittel an die Hand gegeben werden, um einerseits zu kontrollieren, ob die in ihrem Laboratorium arbeitenden Studierenden nach allen Seiten hin in der elementaren Chemie hinreichend ausgebildet sind, und anderseits die fremden Studierenden, welche von anderen Hochschulen oder von Privatlaboratorien kommen, auf ihre Kenntnisse zu prüfen und eventuell zu einer Repetition zu veranlassen. Drittens soll die Prüfung den Industriellen oder anderen Personen, welche Chemiker anstellen, eine Garantie dafür geben, daß der Bewerber die notwendigen elementaren Kenntnisse besitzt. Die bisherigen Einrichtungen haben erfahrungsmäßig hierfür nicht ausgereicht.

§ 3.

Da durch die Verbandsprüfung eine gleichmäßige Ausbildung der Studierenden in den Elementen erzielt werden soll, so ist selbstverständlich, daß die Anforderungen an allen Hochschulen in sachlicher Beziehung einheitlich sein müssen. Dagegen kann die Form, in der sich der Lehrer von dem Vorhandensein der geforderten Kenntnisse überzeugt, eine verschiedene sein. So kann z. B. an technischen Hochschulen ein Verbandszeugnis auf Grund einer Diplomprüfung oder einer Schlußprüfung ausgestellt werden, wenn in letzteren mindestens ebensoviel verlangt wird als in der Verbandsprüfung. Auch an Universitäten soll kein besonderer Modus für das Examen vorgeschrieben werden. Es bleibt dem Examinator überlassen, wie er sich von dem Vorhandensein der Kenntnisse überzeugen will, er haftet aber durch seine Namensunterschrift dafür, daß der Kandidat zur Zeit der Prüfung die vom Verbande geforderten Kenntnisse besessen hat. Verbandszeugnisse auf Grund der Versicherung eines Studierenden, daß er die geforderten Kenntnisse besitze, oder auf das Zeugnis eines anderen Lehrers hin auszustellen, ist daher unzulässig. Was die Ausführung der praktischen Prüfung betrifft, so kann die Überwachung derselben von dem Vorstande einem Abteilungsvorstand oder Assistenten übertragen werden, der Vorstand übernimmt aber persönlich die Verantwortung und bescheinigt das Bestehen der Prüfung durch seine Namensunterschrift. In Laboratorien, wo ein Laboratoriumsjournal eingeführt ist, kann das Bestehen der praktischen Prüfung auch auf Grund dieses Journals bezeugt werden.

§ 4.

Die praktische Prüfung und die mündliche Prüfung in der analytischen und in der unorganischen Chemie muß an ein und derselben Hochschule innerhalb sechs Monaten abgelegt werden. So kann z. B. die praktische Prüfung am Ende des Sommersemesters, die mündliche zu Anfang des Wintersemesters stattfinden. Stets muß aber die praktische Prüfung der mündlichen vorangehen. Verbandszeugnisse über die praktische Prüfung allein haben daher an einer anderen Hochschule keine Gültigkeit.

Die mündliche Prüfung in organische Chemie kann auch an einer anderen Hochschule und zu einer beliebigen Zeit abgehalten werden.

§ 5.

Als erstrebenswertes Ziel wird hingestellt, daß der Examinator nur solche Studierende examiniert, die in seinem Laboratorium gearbeitet haben. Den tatsächlichen Verhältnissen entsprechend, ist es indessen auch gestattet, fremde Studierende zu prüfen, namentlich auch solche, welche auf ausländischen Anstalten studiert haben. Beanspruchen können die Zulassung indessen nur diejenigen, welche mindestens ein Semester in dem betreffenden Laboratorium gearbeitet und sich nach Ansicht des Vorstandes die nötigen Kenntnisse erworben haben. Der Eintritt in den Verband verpflichtet den Laboratoriumsvorstand, solche Studierende zu prüfen, während die Prüfung von anderen seinem freien Ermessen anheimgestellt wird. Die Prüfung erfolgt auf Antrag des Studierenden oder auf Wunsch des Vorstandes. Besteht der Studierende die Prüfung nicht, so wird auch kein Zeugnis ausgestellt. Vorschriften über die Wiederholung der Prüfung werden nicht gegeben.

Die Verbandsmitglieder sind verpflichtet, nur solchen Studierenden, welche die Verbandsprüfung bestanden haben, ein Thema für eine Doktorarbeit zu geben.

§ 6.

Umfang der Verbandsprüfung.

Die praktische Prüfung.

Die praktische Prüfung zerfällt in drei Teile:

a) Ausführung einer qualitativen Analyse.

In dieser Prüfung wird gefordert, daß der Kandidat in einem eigens zu diesem Zweck dargestellten Gemisch alle Bestandteile nachweist. Das Gemisch soll eine größere Anzahl von Stoffen enthalten, aber nur solche, welche in dem allgemein üblichen Gang der Analyse vorkommen.

b) Quantitative Analyse.

In der quantitativen Analyse wird das Hauptgewicht auf die Genauigkeit der Bestimmung gelegt. Dem Kandidaten ist die qualitative Zusammensetzung der Mischung mitzuteilen, er hat darin drei Stoffe, deren Trennung und Bestimmung in dem üblichen analytischen Gang vorkommen, quantitativ zu bestimmen.*)

*) Da die Ansichten über das, was in der quantitativen Analyse gefordert werden muß, ziemlich weit auseinandergehen, sind im folgenden einige Beispiele von Aufgaben aufgeführt:

1. Gemisch von Natriumchlorid und Kaliumjodid.
   In einer Portion sind die Einzelwerte von Jod und Chlor (ev. elektrolytisch) zu bestimmen, in einer zweiten die Summe von Kalium und Natrium als Sulfat.
2. wie bei 1.
   Es ist die Summe von Chlor und Jod zu bestimmen, im Filtrat die Summe von Kalium- und Natriumchlorid und Kalium (als Kaliumplatinchlorid resp. Kaliumperchlorat).
3. Kupfersulfat, Zinksulfat und Natrium- resp. Kaliumsulfat.
   In einer Portion Kupfer, Zink und Natrium resp. Kalium.
4. Mangan- oder Magnesiumsulfat, Ferrichlorid und Ammoniumsulfat.
   In einer Portion Eisen und Mangan resp. Magnesium, in einer zweiten Schwefelsäure.
5. Magnesiumchlorid, Calciumchlorid und Kaliumnitrat.
   In einer Portion Calcium, Magnesium und Kalium.
6. Merkurichlorid, Wismutnitrat und Kobalt- resp. Nickelnitrat.
   In einer Portion Quecksilber (ev. elektrolytisch), Wismut und Kobalt resp. Nickel.
7. Wismutnitrat, Brechweinstein und Arsenik.
   In einer Portion Wismut, Antimon und Arsen.
8. Kupfersulfat, Kaliumbichromat und Alaun.
   In einer Portion Kupfer, Chrom und Aluminium.
9. Zink- resp. Kobalt, Nickel- und Magnesiumsulfat.
   In einer Portion Zink resp. Kobalt, Nickel und Magnesium.
10. Cadmiumsulfid, Quecksilbersulfid und Schwefel.
   In einer Portion Cadmium und Quecksilber ,in einer zweiten Schwefel.
11. Aluminumoyxd, Calciumcarbonat und Kieselsäure.
   In einer Portion Aluminium, Calcium und Kieselsäure.
12. Calciumcarbonat, Baryumcarbonat, und Natriumcarbonat.
   In einer Portion Baryum und Calcium, in einer zweiten Kohlendioxyd.

c) Maßanalytische Aufgabe.

Bei diesem Teile der Prüfung muß der Kandidat alle zur Verwendung kommenden Normallösungen selbst darstellen.

Die mündliche Prüfung.

Die mündliche Prüfung zerfällt in drei Abschnitte:

a) Analytische Chemie.

In der qualitativen Analyse soll der Kandidat den Nachweis der in dem üblichen Gang vorkommenden Stoffe kennen. In der quantitativen Analyse wird die Kenntnis der Trennungs- und Bestimmungsmethoden der wichtigeren Elemente und ihrer Verbindungen verlangt.

b) Unorganische Chemie.

In diesem Fache wird die Kenntnis der Disziplin in dem Umfange gefordert, wie sie in der Regel in den Vorlesungen über unorganische Experimentalchemie vorgetragen wird.

c) Organische Chemie.

Kenntnisse der Grundsätze der organischen Chemie.

E. Fischer, Vorsitzender. **W. Wislicenus,** Schriftführer.

Erläuterungen.

A. zum Verbandszeugnis.

1. **Vorbildung.** In dieser Rubrik ist anzugeben der Charakter der Schule, die besucht wurde, und die darin absolvierte Stufe oder die bereits bestandene staatliche Prüfung (Apotheker) bezw. der erreichte akademische Grad (Bachelor of Science).

2. **Examinator.** Durch Eintragung der Namensunterschrift in die mit Examinator bezeichnete Kolumne wird bescheinigt, daß der Kandidat den betreffenden Teil der Prüfung bestanden hat. In dieser Rubrik sind nur die Namen der Mitglieder des Verbandes anzugeben, dagegen nicht die Namen der etwa examinierenden Assistenten oder Abteilungsvorsteher. Ist der Laboratoriumsvorstand durch Krankheit oder längere Abwesenheit verhindert, so tritt der amtliche Stellvertreter nach erfolgter Anzeige beim Vorstande des Verbandes in alle Rechte und Pflichten des Laboratoriumsvorstandes dem Verbande gegenüber ein.

3. **Art der Prüfung.** Diese Kolumne wird ausgefüllt mit V. oder D. oder N. — V. bedeutet »Verbandsprüfung«, D. »Diplomprüfung« und N. »Nahrungsmittelchemiker-Vorprüfung«*).

4. **Gültigkeit** erhält das Verbandszeugnis erst durch das Bestehen in allen vier Teilen der Prüfung. Der Examinator, welcher zuletzt prüft, fertigt das Zeugnis aus, indem er seinen Namen in die zweite Kolumne einträgt und außerdem den Passus: »In das Register eingetragen« mit Datum und mit seiner Namensunterschrift versieht.

5. **Eintragung in die Listen.** Jede erledigte Prüfung wird in das Register eingetragen. Auf Grund dieser Listen erfolgt die Veröffentlichung in den vom Verband herausgegebenen Berichten. Die Bekanntgabe einer Prüfung an den Sekretär erfolgt aber erst, nachdem alle Teile derselben erledigt sind. Es sind demgemäß in die Listen, die dem Sekretär eingesandt werden, nur die Kandidaten aufzunehmen, die auch die Prüfung in organischer Chemie bestanden haben. Hat ein Kandidat die Prüfung an zwei Laboratorien abgelegt, so wird der Name des Kandidaten nur in der Liste desjenigen Mitgliedes geführt, bei welchem der letzte Teil erledigt worden ist. Als Nummer des Zeugnisses ist die aufgedruckte Nummer in das Register einzutragen.

6. **Aushändigung der Zeugnisse.** Das Zeugnis darf dem Studierenden zur Legitimation erst ausgehändigt werden, nachdem die praktische Prüfung, sowie die mündlichen Prüfungen in unorganischer und analytischer Chemie bestanden und im Zeugnisformular bescheinigt worden sind.

7. **Meldung zur Promotion.** Die Studierenden werden gebeten, bei den Eingaben um Zulassung zur Promotion neben den anderen Papieren auch das Verbandszeugnis zwecks Erleichterung der statistischen Zusammenstellung vorzulegen.

8. **Ausstellung eines Duplikats.** Wenn ein Zeugnis verloren geht oder durch Beschädigung unbrauchbar wird, kann dem Kandidaten ein Duplikat ausgestellt werden. Entsprechende Formulare ohne aufgedruckte Nummer sind im Bedarfsfalle vom Sekretär zu beziehen. Der Name des Empfängers eines Duplikats und die Zeugnisnummer werden im nächsten Verbandsbericht bekannt gegeben. Bei der Bestellung eines Duplikatformulars wolle man daher gleich die entsprechenden Angaben machen.

9. **Ergänzungsprüfungen.** Prüfungen in anderen Spezialfächern der Chemie und sonstigen Fächern werden unter Ergänzungsprüfungen bescheinigt.

---

*) In Karlsbad ist beschlossen worden: Ein Verbandsmitglied, welches Examinator in der Vorprüfung für Nahrungsmittel-Chemiker ist und das zweimalige Examinieren vermeiden will, kann im Verbandszeugnis die mündlichen Prüfungsabschnitte auf Grund der Nahrungsmittelchemiker-Vorprüfung bescheinigen, wenn diese in einem dem Verbandsexamen entsprechenden Umfange abgehalten werden. Voraussetzung ist dabei jedoch, daß der Kandidat nicht länger als sechs Monate vorher bei demselben Verbandsmitgliede den praktischen Teil der Verbandsprüfung absolviert hat. Die praktische Prüfung nach der mündlichen abzuhalten, ist in keinem Falle gestattet. Für die Bestätigung dieser mündlichen Prüfungen auf den Zeugnissen und in den Listen wird die Abkürzung »N« eingeführt.

B. zu den Ergänzungsprüfungen.

1. Ergänzungsprüfungen können nur an Universitäten oder technischen Hochschulen von den Vertretern des betreffenden Faches vorgenommen werden. In Bezug auf den Gegenstand der Prüfung findet keine Einschränkung statt.

2. Den Ergänzungsprüfungen muß die vollständige Erledigung der Verbandsprüfung vorausgegangen sein.

3. Die bestandenen Prüfungen werden von einem an dem betreffenden Orte ansässigen Mitgliede des Verbandes mit dem Datum der Prüfung und der Nummer des Verbandszeugnisses registriert und in den vom Verbande herausgegebenen Berichten veröffentlicht. Der Kandidat hat zu diesem Zwecke das Zeugnis nach Eintragung einer Ergänzungsprüfung (eventuell mehrerer) dem bezw. einem Professor der Chemie dieser Hochschule vorzulegen. Die Register sind mit den übrigen am Ende des Wintersemesters an den Sekretär einzusenden.

4. Der Gegenstand der Prüfung ist unzweideutig, wenn möglich mit einem Hinweis über den Umfang der nachgewiesenen Kenntnisse, im Zeugnisse (unter »Bemerkungen«) und im Register anzugeben.

C.

Protokoll der XVII. Jahresversammlung

des Verbandes der Laboratoriums-Vorstände an deutschen Hochschulen

am 29. September 1917

im chemischen Hörsaal des Physikalischen Vereins zu Frankfurt a. M.

Anwesend sind die Herren: Anschütz, Biltz, Bunte, Busch, Curtius, Elbs, Foerster, Freund, Gattermann, Heiduschka, Krafft, R. Meyer, Schultz, Vorländer, Wislicenus, Wöhler, als Protokollführer der Sekretär des Verbandes, Herr Kliegl.

Entschuldigt haben ihr Fernbleiben die Herren: Beckurts, Dimroth, Willstätter und der stellv. Schatzmeister, Herr Simonis.

Der 2. Vorsitzende, Herr Bunte, eröffnet die Sitzung um $9^1/_2$ Uhr vormittags, begrüßt die Anwesenden und gedenkt vor Eintritt in die Tagesordnung des Ablebens Adolf v. Baeyers, der den Verband vor 20 Jahren begründet und ununterbrochen das Amt des 1. Vorsitzenden innegehabt hat.

Die Versammelten erheben sich zu Ehren des Verstorbenen von den Sitzen.

1. Sodann verliest der Sekretär den **Bericht über die letzten vier Geschäftsjahre** des Verbandes:

In der letzten Versammlung des Verbandes in Wien (1913) ist die Frage besprochen worden, ob es nicht zweckmäßig sei, die Verbandsversammlungen statt alljährlich in längeren Zwischenräumen abzuhalten. Die Beschlußfassung darüber war damals vertagt worden mit Rücksicht darauf, daß der Vorstand der Gesellschaft Deutscher Naturforscher und Ärzte erwog, seine Versammlungen künftig nur alle zwei Jahre abzuhalten. Niemand hat seinerzeit gedacht, daß infolge eines so gewaltigen Ereignisses, wie eines Weltkrieges, die Verbandsversammlungen jahrelang unterbleiben müßten. Im Sommer 1914 waren die Einladungen zu einer Versammlung in Hannover bereits ergangen, da brach der Krieg aus, und die Versammlung mußte wieder abgesagt werden. Seitdem sind weitere drei Jahre verflossen. Im Mitgliederbestand sind erhebliche Veränderungen erfolgt; vor allem aber hat der Vorstand durch das Ableben des Schatzmeisters (Liebermann), des 2. Beisitzers (E. v. Meyer) und endlich im August d. J. durch das Hinscheiden des 1. Vorsitzenden und Begründers des Verbandes (v. Baeyer) große und schmerzliche Verluste erlitten. Es erschien deshalb dem 2. Vorsitzenden unumgänglich notwendig, eine Mitgliederversammlung einzuberufen, um die in der Organisation des Verbandes entstandenen Lücken wieder auszufüllen und den Mitgliedern zur Ordnung der Verbandsgeschäfte Gelegenheit zu geben.

Durch den Tod hat seit der letzten Versammlung der Verband außerdem folgende Mitglieder verloren: Witt, Medicus, Michaelis, Buchner. Infolge Rücktrittes vom Amt sind ausgetreten die Herren Zincke, Hell, Stock, Harries, Salkowski, Stutzer und Wallach. Seinen Austritt hat ferner erklärt Herr Wichelhaus. — Neu in den Verband wurden aufgenommen die Herren: Dimroth, Freund, Küster, Manchot, Pschorr, Schroeter; Diels, Heiduschka, Reisenegger, Willstätter, Windaus; Pfeiffer, Riesenfeld und Scholl. — Als Vertreter waren während des Krieges tätig die Herren: v. Braun (für Biltz), Emmert (für Buchner), Marckwald (für Nernst), H. Schulze (für Vorländer), Simonis (für Liebermann-Pschorr), v. Walter (für E. v. Meyer), Stoermer (für Michaelis) und Wolff (für Knorr). In Vertretung des verstorbenen Schatzmeisters hat Herr Simonis die Kassengeschäfte geführt.

Die Mitgliederzahl war im August 1914 63, im August 1915 65, im August 1916 61, im August 1917 64 und beträgt gegenwärtig 62.

Verbandsprüfungen wurden abgelegt im Jahre 1913/14 499, im Jahre 1914/15 359, im Jahre 1915/16 135 und im Jahre 1916/17 121. — Ergänzungsprüfungen im Jahre 1913/14 19, im Jahre 1914/15 16, im Jahre 1915/16 2, im Jahre 1916/17 eine. — Die Zahl der Kandidaten ohne Reifeprüfung betrug 1913/14 59 = 12,0%, 1914/15 44 = 12,3%, 1915/16 16 = 11,9%, 1916/17 17 = 14%. In den Jahren 1911/12 fehlten 16,5%, 1912/13 13,1% der Kandidaten das Reifezeugnis. Die Zahl der immaturen Kandidaten blieb also während der letzten fünf Jahre nahezu konstant; eine kleine Steigerung fand im Jahre 1916/17 statt, doch wird auch hier die Prozentzahl zu Beginn der Statistik (1911/12) noch nicht erreicht.

Promotionen sind in den Verbandsberichten verzeichnet 1913/14 (Heft 16) 335, 1914/15 (Heft 17) 245, 1915/16 (Heft 18) 99 und 1916/17 (Heft 19, dessen Fertigstellung bis zur Versammlung leider nicht möglich war) 79.

2. Rechnungslegung des Schatzmeisters.

Kassenberichte:

Abschluß vom 31. Juli 1914.

a) Einnahmen:

Bestand vom Vorjahr	ℳ	537.46
Mitgliederbeiträge (64, darunter einer für 1915)	»	1280.27
Einnahmen des Verbands-Sekretärs	»	5.75
Zinsen	»	13.30
in Summa:	ℳ	1836.78

b) Ausgaben:

Drucklegung von Heft 15	ℳ 580.30
Gehalt des Verbands-Sekretärs	» 500.—
Einmaliger außerordentl. Zuschuß für den Verbands-Sekretär	» 100.—
Rechnungen und Auslagen des Sekretariats	» 200.06
Porti und kleine Auslagen des Schatzmeisters	» 12.55
in Summa:	ℳ 1392.91

c) Übersicht:

Gesamteinnahmen	ℳ 1836.78
Gesamtausgaben	» 1392.91
bleibt Bestand:	ℳ 443.87

Abschluß vom 31. Juli 1915.

a) Einnahmen:

Bestand vom Vorjahr	ℳ 443.87
Mitgliederbeiträge (64)	» 1280.—
Einnahmen des Verbands-Sekretärs	» 17.85
Dotation der Erben Liebermann (zum Ausgleich)	» 102.50
Zinsen	» 10.16
in Summa:	ℳ 1854.38

b) Ausgaben:

Drucklegung von Heft 16	ℳ 610.30
Gehalt des Verbands-Sekretärs	» 500.—
Rechnungen und Auslagen des Sekretärs	» 117.12
Porti und kleine Auslagen des Schatzmeisters	» 8.46
in Summa:	ℳ 1235.88

c) Übersicht:

Gesamteinnahmen	ℳ 1854.38
Gesamtausgaben	» 1235.88
bleibt Bestand:	ℳ 618.50

Abschluß vom 31. Juli 1916.

a) Einnahmen:

Bestand vom Vorjahr	ℳ 618.50
Mitgliederbeiträge (63)	» 1260.—
Zinsen	» 6.75
Einnahmen des Verbands-Sekretärs	» 9.50
in Summa:	ℳ 1894.75

b) Ausgaben:

Drucklegung von Heft 17	ℳ 495.—
Gehalt des Verbands-Sekretärs	» 500.—
Auslagen des Verbands-Sekretärs	» 89.03
Porti und kleine Auslagen des Schatzmeisters	» 10.36
in Summa:	ℳ 1094.39

c) Übersicht:

Gesamteinnahmen	ℳ 1894.75
Gesamtausgaben	» 1094.39
bleibt Bestand:	ℳ 800.36

Abschluß vom 31. August 1917.

a) Einnahmen:

Bestand vom Vorjahre	ℳ 800.36
Mitgliederbeiträge (64)	» 1280.—
Nachzahlung aus den Vorjahren	» 40.—
Einnahmen des Verbands-Sekretärs	» 5.39
Bankzinsen	» 14.85
in Summa:	ℳ 2140.60

b) Ausgaben:

Drucklegung von Heft 18	ℳ 340.—
Gehalt des Verbands-Sekretärs	» 500.—
Auslagen des Verbands-Sekretärs	» 47.46
Auslagen des Schatzmeisters	» 13.40
Bankspesen	» 1.21
in Summa:	ℳ 902.07

c) Übersicht:

Gesamteinnahmen	ℳ 2140.60
Gesamtausgaben	» 902.07
bleibt Bestand:	ℳ 1238.53

Der stellvertretende Schatzmeister hat hierzu folgenden **Bericht über die Kassenführung** in den letzten drei Geschäftsjahren eingesandt, den der Vorsitzende verliest:

»Nachdem durch das Ableben des Herrn C. Liebermann am 28. Dezember 1914 das Amt des Schatzmeisters des Verbandes frei geworden war, übertrug der damalige 1. Vorsitzende, Herr v. Baeyer, auf Vorschlag des Herrn K. A. Hofmann die Führung des Schatzmeisteramtes stellvertretungsweise dem langjährigen Assistenten des verstorbenen Schatzmeisters, Herrn H. Simonis, stellvertretendem Vorsteher des Organischen Laboratoriums der Technischen Hochschule Charlottenburg (dessen ernannter Vorsteher und Nachfolger Liebermanns, Herr Pschorr, sich zurzeit im Heeresdienst befindet). Von Frau Liebermann wurden

Herrn Simonis die dem Verbande gehörenden Akten und Utensilien übergeben. Ein Kassenbestand war nicht vorhanden, da Mitgliederbeiträge des laufenden Geschäftsjahres in Höhe der Ausgaben noch nicht eingegangen waren. Die Kasse schuldete vielmehr Herrn Liebermann bzw. dessen Erben ℳ 102.50, die dieser verauslagt und aus dem oben erwähnten Grunde dem Verbande vorgestreckt hatte. Frau Liebermann verzichtete auf die Rückgabe des Betrages, welche Dotation nach Rücksprache und mit Einwilligung des Verbandsvorsitzenden dankend angenommen wurde. Nach Eingang der Mitgliederbeiträge und anderer Beiträge verblieb am Ende des Geschäftsjahres ein Saldo von ℳ 618.50. Die Einzelabrechnung wurde seinerzeit dem Heft 17 der Verbandsberichte beigefügt.

Im folgenden Geschäftsjahre 1915/16 wurden von 63 Mitgliedern ℳ 1260.— eingezahlt, hinzu kamen noch ℳ 16.25 kleinere Einnahmen, insgesamt ℳ 1276.25; dem standen gegenüber Ausgaben in Höhe von ℳ 1094.39, so daß einschließlich des übernommenen Bestandes das zweite Berichtsjahr mit einem Bestand von ℳ 800.36 schloß. Auch hierüber lag ein Einzelbericht dem Heft 18 bei.

Im dritten, jetzt zu Ende gehenden Geschäftsjahre 1916/17 liegen die Verhältnisse wiederum günstig; der der Versammlung vorliegende Abschluß erfolgte am 31. August, nachdem die Mitgliederbeiträge restlos eingegangen waren. Wir treten mit einem Bestand von ℳ 1238.53 am 1. Oktober in das neue Geschäftsjahr ein. Der Betrag ist bei einer Berliner Großbank niedergelegt.«

Eine eingehende Durchsicht der Rechnungen des Schatzmeisters ist alljährlich durch Herrn v. Baeyer bzw. im letzten Jahre durch Herrn Bunte erfolgt. Die Versammlung erklärt deshalb, auf eine Prüfung der Rechnungen durch gewählte Rechnungsprüfer verzichten zu wollen und erteilt dem Schatzmeister Entlastung.

Der Mitgliedbeitrag soll im kommenden Geschäftsjahre in der bisherigen Höhe von ℳ 20.— erhoben werden.

3. Wahl des Vorstandes. Herr Bunte lehnt es ab, das ihm angetragene Amt des 1. Vorsitzenden zu übernehmen mit der Begründung, daß an den Einrichtungen des Verbandes die Universitäten weit mehr als die Technischen Hochschulen interessiert seien und deshalb seiner Meinung nach wie bisher an die Spitze des Vorstandes der Vertreter einer Universität zu berufen sei. Hierauf wird einstimmig Herr Emil Fischer zum 1. Vorsitzenden gewählt, zum 1. Beisitzer Herr Anschütz, zum 2. Beisitzer Herr Wöhler und zum Schatzmeister Herr Pschorr. Die Herren Bunte (2. Vorsitzender) und Wislicenus (Schriftführer) werden wiedergewählt. Die Gewählten, soweit sie anwesend sind, erklären, die Wahl anzunehmen*).

*) Exzellenz E. Fischer wurde durch die Herren Bunte und Wislicenus brieflich davon benachrichtigt, daß die Frankfurter Hauptversammlung ihn zum 1. Vorsitzenden des Verbandes erwählt hat und gebeten, die Wahl anzunehmen. Er erwiderte darauf:

4. Chemiestudium von Kriegsteilnehmern. Der Verein Deutscher Chemiker will anschließend an die Versammlung eine Aussprache über die Mittel und Wege zur Abkürzung der Studienzeit für Kriegsteilnehmer abhalten. Dabei sollen folgende Punkte zur Verhandlung kommen:

a) Trimestrierung des Studienjahres,

b) bisherige Semestereinteilung unter Zuhilfenahme eines Teiles der großen Ferien für den Laboratoriumsunterricht,

c) Einrichtung von Vorbereitungskursen und Repetitorien, welche die Studierenden in den Stand setzen sollen, die Laboratoriumstätigkeit möglichst bald, womöglich im ersten Semester, aufzunehmen,

d) etwaige Einschränkung von Vorlesungen zugunsten des Laboratoriumsunterrichtes.

e) Vermehrung der Unterrichts-Assistentenstellen, um ein möglichst günstiges Verhältnis zwischen der Zahl der Praktikanten und der der Assistenten zu erzielen.

Die Versammlung nimmt zu diesen Vorschlägen folgendermaßen Stellung: Eine Trimestrierung des Studienjahres wird nicht für zweckmäßig erachtet. Herr Wöhler bemerkt, daß auch von seiten der Regierungen die Trimestrierung abgelehnt worden sei. Dagegen wird die Einrichtung von Ferienkursen, die schon in Friedenszeiten an einigen Laboratorien, z. B. in Frankfurt a. M., bestanden haben, für empfehlenswert gehalten. Herr Förster schlägt vor, die einzelnen Laboratorien möchten sich über die von ihnen getroffenen Einrichtungen gegenseitig verständigen. Es wird in Aussicht genommen, daß der Verband eine diesbezügliche Rundfrage stellt. Herr Gattermann betont, daß diese Ferienkurse doch nur für Kriegsteilnehmer gedacht seien und keine ständige Einrichtung werden sollten. Von verschiedenen Seiten (Freund, Curtius und anderen) wird darauf hingewiesen, daß die Kurse erhebliche Kosten verursachen, die aus den infolge der allgemeinen Teuerung an sich schon unzulänglich gewordenen Mitteln der Laboratorien unmöglich bestritten werden könnten. Eine Einschränkung der Vorlesungen zugunsten des Laboratoriumsunterrichtes wird entschieden abgelehnt, da das Hauptgewicht des Unterrichtes so wie so schon auf der Laboratoriumsarbeit liege; mit Rücksicht auf den zu erwartenden Mangel an Assistenten könnten die wenigen

---

»Mit Rücksicht auf mein Alter und meine Gesundheit, hätte ich es lieber gesehen, daß einem jüngeren Manne dieses Amt übertragen worden wäre. Da Sie aber mit Rücksicht auf die jetzige schwere Zeit an meine Willigkeit appellieren, und da es sich um eine Institution handelt, die mein lieber Freund und Lehrer A. v. Baeyer ins Leben rief, und die wir alle als nützlich anerkennen, so will ich mein Bestes tun und erkläre mich deshalb zur Annahme des Amtes bereit. Gewiß werde ich später öfters Ihre Nachsicht in Anspruch nehmen müssen, wenn es mir nicht möglich ist, den Hauptversammlungen beizuwohnen. Ich hoffe aber auch, mit der Rückkehr normaler Zeiten das Amt an einen jüngeren Fachgenossen abgeben zu können.«

Herr Pschorr hat sich ebenfalls bereit erklärt, das ihm zugedachte Amt zu übernehmen. Solange sich Herr Pschorr im Heeresdienst befindet, wird Herr Simonis dankenswerterweise die Kassengeschäfte für ihn fortführen.

Vorlesungen nicht entbehrt werden. Auch sei es unangebracht, in dieser Beziehung irgendeinen Zwang auszuüben. Es müsse vielmehr jedem einzelnen Dozenten überlassen bleiben, in welchem Umfang er Vorlesungen halten wolle. Dagegen sei es wohl selbstverständlich, daß die Ferienkurse frei von Vorlesungen zu lassen seien.

Die Versammlung ist sich auch darüber einig, daß die Assistentenfrage nach dem Kriege sehr große Schwierigkeiten bereiten wird, da einerseits drei bis vier Jahrgänge Studierender auf einmal ausgebildet werden müssen, anderseits aber weder Mittel zur Errichtung neuer Assistentenstellen noch Assistenten selbst zur Verfügnug stehen werden. Herr Bunte weist bezüglich der Mittel auf die Liebigstiftung hin. Dagegen wird aber geltend gemacht, daß die Liebigstiftung bestimmungsgemäß nicht der Errichtung neuer Assistentenstellen, sondern der Unterstützung und Förderung der einzelnen Assistenten dienen soll. Der Verband könne hier nur in dem Sinne tätig sein, daß die von der Liebigstiftung bewilligten Mittel möglichst gleichmäßig auf die einzelnen Laboratorien verteilt werden. Der Vorstand solle sich zu diesem Zweck mit dem Verein Deutscher Chemiker in Verbindung setzen. Da auch von den Regierungen die Mittel für neue Assistentenstellen und für den gesteigerten und verteuerten Laboratoriumsbetrieb nicht zu erwarten sind, regt Herr Freund an, man solle sich an die chemische Großindustrie mit der Bitte um feste Zuschüsse auf eine Reihe von Jahren wenden. Die Versammlung pflichtet Herrn Freund darin bei, daß dies wohl der einzige, erfolgversprechende Weg zur Aufbringung der erforderlichen Mittel ist.

5. Über die **Zulassung von Kriegsteilnehmern zum Hochschulstudium ohne Reifeprüfung** findet eine eingehende Besprechung statt, wobei sich ergibt, daß die Meinungen hierüber sehr geteilt sind.

An der Besprechung beteiligen sich die Herren Anschütz, Biltz, Bunte, Curtius, Freund, Gattermann und Meyer. Von einer Beschlußfassung wird Abstand genommen.

Der letzte Punkt der Tagesordnung (Zulassung Immaturer zur Verbandsprüfung) kommt nicht mehr zur Besprechung, da die vorgesehene Zeit abgelaufen ist und die oben erwähnte Sitzung des Vereins Deutscher Chemiker beginnt, an der die Mehrzahl der anwesenden Verbandsmitglieder beteiligt ist.

Schluß der Versammlung $11^1/_4$ Uhr.

Bunte,
2. Vorsitzender.

Wislicenus,
Schriftführer.

D.

Bericht über die Versammlung

des Verbandes der Laboratoriums-Vorstände an deutschen Hochschulen

am 7. April 1918

im Sitzungssaal der Berufsgenossenschaft der chemischen Industrie zu Berlin, Sigismundstraße 3.

Anwesend sind die Herren: Anschütz, Beckmann, Biltz, Bredig, Bunte, Curtius, Diels, Dimroth, Foerster, Freund, Hofmann, Le Blanc, R. Meyer, Paul, Pfeiffer, Pschorr, Riesenfeld, Ruff, Schenck, Schroeter, Stock, Traube, Vorländer, Willstätter, Windaus, Wislicenus, Wohl und Wöhler; als Protokollführer der Schatzmeisterstellvertreter des Verbandes, Herr Simonis. Der 2. Vorsitzende des Verbandes, Herr Bunte, eröffnet die Sitzung um $10^1/_4$ Uhr vormittags, begrüßt die Anwesenden und teilt mit, daß der 1. Vorsitzende, Exzellenz E. Fischer, leider aus Gesundheitsrücksichten nicht selbst an der Versammlung teilnehmen kann, jedoch — in Fühlung mit Herrn A. Stock — an der Vorbereitung mit besonderem Interesse mitgearbeitet hat. Ein brieflicher Gruß an Herrn E. Fischer wird in Umlauf gesetzt und nach Vorstellung der Erschienenen durch Namensnennung in die Tagesordnung eingetreten.

Der Vorsitzende teilt mit, daß nach Verabredung im Vorstand Herr Stock es übernommen hat, die einzelnen Punkte der Tagesordnung durch Referate einzuleiten.

Punkt I: »Bericht des Herrn A. Stock über die Wege und bisherigen Schritte zur künftigen Förderung der deutschen Chemie, insbesondere des chemischen Hochschulunterrichtes« und

Punkt II: »Vorbereitung einer an die deutschen Unterrichtsverwaltungen zu richtende Eingabe über die Bedürfnisse des Chemie-Hochschulunterrichts. Erhebungen über die Mehrbedürfnisse durch Umfrage bei den einzelnen Instituten« werden zusammengefaßt. Hierüber berichtet Herr Stock etwa wie folgt:

Die vor dem Kriege im allgemeinen befriedigende Lage unserer deutschen Chemie hat durch den Krieg eine wesentliche Verschiebung erfahren; wie auf vielen anderen Tätigkeitsgebieten, so sind insbesondere von der Chemie außerordentliche Kriegsleistungen gefordert und ausgeführt worden, da nirgends in dem Maße wie hier grundsätzlich Neues verlangt wurde. Auch die Kriegsaufgaben anderer Industrien sind größtenteils chemischer Art. Hüttenwesen, Metallindustrie, Elektrotechnik, Textilindustrie, Nahrungs- und Futtermittelindustrie. Auch wissenschaftlich sehen wir eine steigende Bedeutung der Chemie als Wurzel der meisten Naturwissenschaften. Dieser überragenden Bedeutung entspricht die Pflege der Chemie bei uns keineswegs. Bei den Feinden müht man sich nach Kräften, die gefürchtete deutsche Chemie zu schädigen, besonders in Amerika werden Riesenmittel zur großzügigen Hebung der Chemie aufgewendet: Industrie, Hochschulunterricht, Schulunterricht, Forschungsinstitute, literarische Unternehmungen, Propaganda für die Chemie im Volk. Demgegenüber muß es auch bei uns heißen, alle Kräfte aufs Äußerste anspannen. Die Stärke unseres Volkes hängt eng zusammen mit der Stärke und Tüchtigkeit seines Chemikerstandes.

Beim Umfange dieser chemischen Aufgaben und infolge von Kriegsverlusten und mangelndem Nachwuchs tritt jetzt schon ein Mangel an Chemikern zu Tage, der nach dem Kriege sich noch erhöhen wird. Es ist unsere dringende Pflicht, die Pflege der Chemie auf breitere Grundlage zu stellen wie bisher. Alle Mittel zur Hebung der deutschen Chemie müssen angewandt werden. Die maßgebenden Kreise, insbesondere die Staatsverwaltungen, müssen von dieser Notwendigkeit überzeugt werden. Möglichst viele wirklich Begabte sind dem Studium der Chemie zuzuführen und die möglichste Vervollkommnung des Chemieunterrichtes an Hochschule und Schule ist anzustreben. Die Notwendigkeit liegt vor, daß sich neben der Industrie auch die akademischen Kreise regen und ihre Wünsche an den maßgebenden Stellen nachdrücklich vorbringen. Der Hochschulunterricht wird künftig viel größere Mittel verlangen als bisher. Schäden des Krieges sind wieder gut zu machen, Steigerungen aller Ausgaben, Gehälter, Anschaffungen von Apparaten, Maschinen, Chemikalien usw. Die Laboratorien sind überall hinsichtlich ihrer Ausstattung und Lehrkräfte auf die Höhe der Zeit zu bringen. Bei der Aufbringung der Mittel würde eine Unterstützung durch die Industrie sehr erwünscht sein.

Die berufene Vertretung des chemischen Hochschulunterrichtes ist unser Verband. Die bisherige Beschränkung der Tätigkeit auf die Verbandsprüfung ist zu erweitern im Sinne der Pflege und Förderung des chemischen Unterrichtes durch Verkehr mit Behörden und anderen Körperschaften. Dies ist der Grund der Einberufung der heutigen Versammlung. Es sollen zunächst unsere Wünsche den deutschen Unterrichtsverwaltungen als Denkschrift zugestellt und im Anhang ein ungefährer, unverbindlicher Überblick über die für die einzelnen Institute erforderlichen Mehrbedürfnisse gegeben werden. Die nächste Aufgabe wäre dann die Beschaffung der Mittel.

Durch eine Umfrage bei allen Laboratoriumsvorständen an der Hand eines Fragebogens soll der notwendige Überblick über die Mehrbedürfnisse gewonnen werden. Ein fingiert beantwortetes Exemplar wird zur Vermeidung von Rückfragen beigelegt. Die Mehrbedürfnisse setzen sich zusammen aus Zuschlägen auf die bisherigen Sach- und Personaletats infolge der allgemeinen Preissteigerung. Zur Erzielung von Vergleichsmöglichkeiten sollen in den Fragebogen noch einige Angaben über die Größe und die Unterrichtskräfte der Laboratorien aufgenommen werden.

Zwecks Vollständigkeit der Umfrage sollen alle chemischen Hochschullaboratorien berücksichtigt werden, auch wenn die Vorstände nicht Verbandsmitglieder sind. Eine Liste dieser Laboratorien wird vorgelesen und von den Anwesenden berichtigt und ergänzt. Hierzu bemerkt der Vorsitzende: Die Organisation des Verbandes wird durch die Vermehrung der Institute, die aufzunehmen sind, eine Veränderung erleiden. Der Vorstand schlägt vor, nur solche Institute aufzunehmen, die der philosophischen Fakultät bezw. chemischen Abteilungen der Hochschulen angehören, nicht hygienische usw. Es ist die Richtschnur einzuhalten, daß nur Chemiker zum Verbandsexamen zuzulassen sind.

An der anschließenden Diskussion beteiligten sich die Herren Hofmann, Ruff, Foerster, Wohl, Schenck, Windaus und Schroeter. Herr Ruff möchte den Kreis der aufzunehmenden Institutsvorsteher durch die Statuten des Verbandes genau zum Ausdruck gebracht wissen. Herr Wislicenus bittet bei Zweifeln dem Vorstand bezw. Vorsitzenden die Entscheidung von Fall zu Fall zu überlassen. Schließlich betont der Vorsitzende, daß die Liste der für die Umfrage in Betracht kommenden Institute vom Vorstand sorgfältig zusammengestellt werden wird. Die Fragebogen selbst sollen bis zum 15. Mai ausgefüllt und »eingeschrieben« an Herrn Stock zurückgesandt werden. Die Angaben sind vertraulich, müssen aber als Material für die Denkschrift an die Staatsverwaltungen dienen, und es läßt sich nicht umgehen, daß sie innerhalb des Verbandskreises allgemein zugänglich gemacht werden. Bei anderweitiger Benutzung ist vor derselben die Erlaubnis des betreffenden Laboratoriumsvorstehers einzuholen. Hierzu bemerkt noch Herr Stock, daß es jedem freistehe, bei Bedenken die betreffenden Rubriken nicht zu beantworten, oder auch besondere Fälle auf der Rückseite des Fragebogens näher zu erläutern.

Auf Vorschlag des Vorsitzenden beschließt die Versammlung, Herrn Stock die Ausarbeitung der Denkschrift an Hand der statistischen Erhebungen zu übertragen und im übrigen dem Vorstand Wortlaut und Fassung derselben, sowie die Absendung ohne Vorlage an eine weitere Versammlung zu überlassen.

Punkt III der Tagesordnung: »Wahl eines Verbandsmitgliedes für die Vorarbeiten an den einzelnen Hochschulen. Feststellung der zu berücksichtigenden Institute« ist schon im Vorstehenden zur Erörterung gekommen. Der Vorsitzende hält eine Wahl für unnötig. Die Versammlung stimmt ohne Diskussion zu.

Punkt IV: »Aussprache über Hochschulunterrichtsfragen.« Zu Absatz 1: »Allgemeine Steigerung der sachlichen Ausgaben« stimmt die Versammlung dem Vorschlag des Vorstandes, daß ein Zuschlag von 100% zu den bisherigen Sachausgaben der durchschnittlichen Preissteigerung Rechnung trägt, zu. Bei dem Absatz 2: »Allgemeine Steigerung der Gehälter« wird als Durchschnittsbetrag, um welchen die Friedensetats (ohne Teuerungs- und Kriegszulagen) zu vermehren sind, auf Vorschlag des Vorstandes 40% festgesetzt. Die Versammlung bringt hierbei die Notwendigkeit einer genügenden Zahl von Unterrichtsassistenten zur Sprache. Auf höchstens 20 Praktikanten muß ein Unterrichtsassistent kommen. Assistenten für Spezialgebiete, Vorlesungsassistenten sowie Assistenten für wissenschaftliche Arbeiten sollen hierbei nicht mitzählen.

Absatz 3: »Akademischer Nachwuchs.« Hierzu berichtet Herr Stock: Die wachsende Ausdehnung der Chemie erfordert einen steigenden Bedarf an Lehrkräften. Schon vor dem Kriege blieb der Nachwuchs hinter dem Bedarf zurück; zumal von den kleineren Hochschulen kommen Klagen über Mangel an Assistenten. Abgesehen davon, daß viele Assistenten im Kriege gefallen sind, werden andere, besonders ältere nach dem Kriege nicht mehr an die Hochschulen zurückkehren, weil sie sich in technische Gebiete eingearbeitet haben und gute Angebote der Industrie bekommen. Der Andrang zum akademischen Beruf bei den Chemikern war schon vor dem Kriege nicht mehr so stark wie früher. Die Gründe sind zu suchen in der vielfach wenig günstigen Lage der Lehrkräfte, besonders der älteren (Abteilungsvorsteher), hinsichtlich Besoldung und Selbständigkeit. Die ungünstige Wirkung des Wettbewerbs der gutzahlenden Industrie macht sich bemerkbar.

Eine Abhilfe ist nur dadurch möglich, daß die akademischen Stellen begehrenswerter und allen, ohne Rücksicht auf eigene Mittel, zugänglich gemacht werden. Auf die Entlastung der Institutsvorstände durch Lehr- und Beamtenkräfte, durch Verwaltungs- und Bureaupersonal, Förderung älterer Extraordinarien, Abteilungsvorsteher, Assistenten durch etatsmäßige Anstellung, regelmäßige Gehaltszulagen, Gelegenheit zu ungehemmter eigener, wissenschaftlicher Tätigkeit muß gedrungen werden. Als Minimalgehalt für Assistenten, die das Studium absolviert haben, ist 2000 ℳ zu beantragen. Die Versammlung stimmt den Vorschlägen bei. Bei dieser Gelegenheit erörtert Herr Willstätter die Verteilung des Liebig-Stipendien-Vereins, die einer Änderung bedürfe. Der Vorsitzende regt eine entsprechende schriftliche Formulierung bei dem genannten Verein an. Im übrigen wird der Angelegenheit auf Vorschlag von Herrn Pschorr, als nicht zur Tagesordnung gehörig, nicht weiter näher getreten.

Absatz 4: »Ausstattung der Institute mit Unterrichtsmitteln und Personal.« Hierzu berichtet Herr Stock: Es ist überall darauf zu dringen, daß die modernen apparativen Hilfsmittel für alle Zweige der Chemie, wie elektrische Anlagen, flüssige Luftanlage, Instrumente für physikalische Messungen vorhanden sind. Auch für genügendes Verwaltungspersonal (Schreibkräfte) und technisches Personal (Schlosser, Mechaniker, Glasbläser) ist Sorge zu tragen. Herr Wöhler betont hierzu die Notwendigkeit, daß die Laboratoriumsdiener sachverständige Vorkenntnisse aufweisen müssen und sie nicht ausschließlich dem Militäranwärterstande entnommen werden sollten. Diese Ansicht findet bei der Versammlung lebhafte Zustimmung.

Absatz 5: »Besondere Maßnahmen für Kriegsteilnehmer«, d. i. nach Ausführungen des Herrn Stock möglichste Erleichterung des Studiums für die Kriegsteilnehmer, Praktikum solche während der Ferien, Zulassung der Kriegsteilnehmer zum Studium ohne Reifezeugnis einer neunklassigen Schule, sofern und soweit dasselbe bei allen Studierenden der Naturwissenschaften und Heilkunde geschieht, wird debattelos genehmigt. Die Angelegenheit ist durch das Vorgehen des Vereins deutscher Chemiker durchaus im Sinne des Verbandes gefördert worden.

Absatz 6: »Ausbau des Chemie-Hochschulunterrichts.« Hierzu gab Herr Stock folgende Erläuterungen: Es soll nichts Grundsätzliches geändert werden; die reine Wissenschaftlichkeit und Verbindung von Unterricht und Forschung haben sich gerade in der Chemie glänzend bewährt. An den Universitäten ist die anorganische, physikalische und technische Chemie gebührend zu berücksichtigen. Die analytische Chemie, noch immer die beste Grundlage des akademischen Chemieunterrichts, muß von erfahrenen Fachleuten gelehrt werden. Bei dem überwiegend organischen Charakter unserer meisten Universitätslaboratorien ist besonders auf die Erhaltung eines dauernden Nachwuchses von Anorganikern, Physikochemikern zu achten. Die stetige Vergrößerung des Lehrgebietes zwingt zur allmählichen Schaffung neuer Professuren, sei es von gut ausgestatteten Extraordinariaten oder Ordinariaten, bei der Teilung von Professuren ist die Errichtung neuer, selbständiger Institute unentbehrlich. Die Vorteile mehrerer Chemieordinariate liegen auf der Hand: keine Überlastung durch die »großen Vorlesungen«, Vorlesungen des Ordinarius auch für Chemiker allein. — Schaffung befriedigender und gut honorierter Stellungen für ältere Lehrkräfte, welche als Institutsvorstände nicht in Frage kommen, für den Unterrichtsbetrieb aber von besonderem Nutzen sein können.

Die Zweckmäßigekit der »großen Vorlesung« ist nicht zu bezweifeln, weil man in dieser ein Mittel sieht, den Chemikern eine einführende, anregende Übersicht über ihr Gesamtgebiet, den Nichtchemikern die für einen naturwissenschaftlichen Akademiker notwendige chemische allgemeine Bildung zu geben. Hierzu bemerkt Herr Wohl, daß ein Ausbau der großen Vorlesung und ihre Vertiefung für die Chemiker, dagegen eine Erleichterung für den Nichtchemiker wünschenswert wäre; doch neigte die Versammlung mehr der Ansicht des Vorsitzenden zu, daß die große Vorlesung als solche bleiben und für alle Studierenden die Grundlage für das Verständnis und chemisches Denken abgeben soll. Die Herren Anschütz und Dimroth treten für eine Besserstellung der Abteilungsvorsteher und eine angemessene Honorierung für ihre Lehrtätigkeit ein.

Absatz 7: »Die Aufbringung der notwendigen Mittel.« Herr Stock: Hierüber wird Näheres erst zu erwägen sein, wenn man weiß, wie hoch die Bedürfnisse sind. Da die Aufbringung allein aus staatlichen Mitteln kaum möglich sein dürfte, so ist die Hilfe der Industrie anzustreben, mit um so größerer Berechtigung, da gerade der Wettbewerb der Industrie die Verhältnisse des akademischen Chemieunterrichtes erschwert. Damit ist die Möglichkeit vorhanden, mit einem Zuschuß der Industrie gewisse Leistungen der Staatsverwaltungen zu verbürgen. Alle Einzelheiten, wie die Verteilung der verfügbaren Mittel auf die einzelnen Hochschulen, Staaten usw., sind späterer Zeit vorbehalten.

Der Vorsitzende: Man wird zunächst an die Regierungen der zugehörigen Staaten herantreten und dann an die Industrie zur Unterstützung der Unterrichtsverwaltung. Es sind große Summen erforderlich, deren Höhe augenblicklich nicht zu schätzen ist.

Herr Willstätter: Dringende Eile ist anzustreben. Das Budget läuft in Bayern auf zwei Jahre; man komme daher dort erst spät zu dem Nießbrauch der Aufbesserungen. Ferner ist auch die Form zu überlegen, in welcher der Zuschuß der Industrie erfolgen soll. In Unterrichtsfragen soll der Verband allein zuständig und führend sein.

Punkt V: »Die Vorbereitungen des Hochschulunterrichtes durch die Schule.« Hierzu führt Herr Stock aus: Der Zweck des Schulunterrichtes in der Chemie soll sein, Begeisterung für die Chemie zu erwecken, wirklich Befähigte zum Chemiestudium anzuregen, zur Naturbeobachtung und zum Experimentieren anzuleiten. Die Chemie darf nicht länger hinter der Physik zurückstehen. Der Unterricht ist möglichst überall von Fachlehrern zu erteilen. Auf praktische Übungen, Exkursionen, Besichtigungen muß Gewicht gelegt werden, dagegen kann Theoretisches und Systematisches — beispielsweise die analytische Chemie — zurücktreten. Der Schulunterricht soll keine Vorbereitung oder gar Ersatz für den akademischen Unterricht sein. Letzterer wird am besten durch Gewöhnung an physikalisches Denken und wirkliches Verstehen der alleruntersten theoretischen Grundlagen vorbereitet. Diesen Forderungen müssen die Schulbücher und Prüfungsvorschriften ebenfalls entsprechen. Die akademischen Lehrer müssen die künftigen Schullehrer nachdrücklich auf die Verschiedenheit der Aufgaben des Schul- und Hochschulunterrichtes hinweisen. Nach Abschluß des Studiums des Lehramtskandidaten ist eine ein- bis zweisemestrige, auf die Vorbereitungsjahre anzurechnende Assistentenzeit unter Beteiligung an der Vorbereitung der Experimentalvorlesung und an der Leitung des Lehrerpraktikums erwünscht. Die Hinzuziehung von Hochschullehrern zu den Fragen der Schulchemie, der Schulbücher, der Lehrerausbildung, der Prüfungen ist anzustreben. Kurze Darlegungen hierüber sollen in der Denkschrift Aufnahme finden.

Herr R. Meyer betont die Notwendigkeit des Unterrichtes der Chemie auch in den Oberklassen der Gymnasien. Herr Bredig möchte die wirtschaftlichen Verhältnisse mehr hervorgehoben wissen. Herr Foerster wünscht, daß die Schule sich ein eigenes System des Unterrichtes schaffe, das keineswegs dem Hochschulunterricht nachzuahmen sei, insbesondere muß die Analyse fortfallen. — Die Versammlung stimmt den vorgetragenen Anschauungen zu, ohne einen Beschluß zu diesem Punkte zu fassen.

Punkt VI: »Anfrage des Vereins deutscher Chemiker betr. Zulassung zum Verbandsexamen.«

W. Wislicenus berichtet über die Frage der Zulassung zur Verbandsprüfung, die vom Verein deutscher Chemiker wiederholt angeregt worden ist, den Verband aber auch schon in früheren Jahren beschäftigt hat (vgl. Protokolle der Versammlungen 1903 und 1911). Die Zulassung Immaturer läßt sich im Hinblick auf die Promotionsbestimmungen der Fakultäten nicht unterbinden. Dagegen könnte man zur Beseitigung von Mißständen bestimmen: »Zur Verbandsprüfung sollen nur Studierende zugelassen werden, die in der Lage sind, an der betreffenden Hochschule ihr Chemiestudium vollständig zum Abschluß zu bringen.« Es würden danach nur solche die Verbandsprüfung machen können, die auch die Promotion erreichen können. Der Vorsitzende regt die Fassung an, zur Verbandsprüfung sollen nur Mature oder solche Studierende... (wie oben), beantragt im übrigen die Vertagung der Angelegenheit bis nach Beendigung des Krieges, da jetzt zur Verschärfung der bestehenden Vorschriften nicht der geeignete Zeitpunkt ist. Er wird hierin von R. Pschorr unterstützt. W. Wislicenus beantragt Abstimmung über diese Vertagung. Die Versammlung spricht sich in ihrer Mehrheit für die Vertagung des Gegenstandes aus.

Zum Schluß dankt der Vorsitzende Herrn Stock für seine Bemühungen und spricht auch Herrn Geheimrat Oppenheim für die Überlassung des Saales seinen Dank aus.

Schluß der Versammlung $2^1/_2$ Uhr nachmittags.

(gez.) **Bunte. W. Wislicenus.**

E.

Mitgliederverzeichnis vom 1. August 1918.

Vorstand:

Erster Vorsitzender:	**E. Fischer,** Berlin.
Zweiter Vorsitzender:	**H. Bunte,** Karlsruhe i. B.
Erster Beisitzer:	**R. Anschütz,** Bonn.
Zweiter Beisitzer:	**L. Wöhler,** Darmstadt.
Schriftführer:	**W. Wislicenus,** Tübingen.
Schatzmeister:	**R. Pschorr,** Charlottenburg.

Mitglieder des Verbandes:

Prof. **R. Anschütz,** Bonn, Chem. Univers.-Laborat.
» **K. v. Auwers,** Marburg i. H., Chem. Univers.-Laborat.
» **E. Beckmann,** Dahlem, Kaiser-Wilhelm-Institut für Chemie.
» **H. Beckurts,** Braunschweig, Technische Hochschule.
» **R. Behrend,** Hannover, Technische Hochschule.
» **H. Biltz,** Breslau I, Chem. Inst. der Universität, Burgstr. 8.
» **M. Bodenstein,** Hannover, Elektrochem. Institut der Technischen Hochschule, Callinstr. 46.
» **G. Bredig,** Karlsruhe, Physik.-chem. und elektrochem. Institut der Technischen Hochschule, Wendtstr. 19.
» **J. Bredt,** Aachen, Technische Hochschule.
» **H. Bunte,** Karlsruhe, Technische Hochschule.
» **M. Busch,** Erlangen, Labor. für angewandte Chemie.
» **A. Classen,** Aachen, Technische Hochschule.
» **Th. Curtius,** Heidelberg, Chem. Univers.-Laborat.
» **O. Diels,** Kiel, Chem. Univers.-Laborat.
» **O. Dimroth,** Würzburg, Chem. Inst. der Universität, Pleicherring 11.
» **F. Ehrlich,** Breslau, Landwirtschaftl. - Technolog. Institut der Univers., Matthiasplatz 5.
» **K. Elbs,** Gießen, Chem. Univers.-Laborat.
» **C. Engler,** Karlsruhe, Technische Hochschule.
» **E. Fischer,** Berlin N., I. Chem. Univers.-Laborat.
» **O. Fischer,** Erlangen, Chem. Univers.-Laborat.
» **F. Foerster,** Dresden, Technische Hochschule.
» **M. Freund,** Frankfurt a. M., Chem. Inst. der Universität, Robert-Mayer-Straße 2.
» **J. Gadamer,** Breslau, Pharmaz. Inst., Schuhbrücke 38/39 I.

Prof. **L. Gattermann,** Freiburg i. B., Chem. Univers.-Laborat.
» **A. Gutbier,** Stuttgart, Technische Hochschule.
» **A. Hantzsch,** Leipzig, Chem. Univers.-Laborat., Liebigstr. 18.
» **A. Heiduschka,** Würzburg, Pharmazeut. Institut und Laborat. für angewandete Chemie der Universität
» **K. Hofmann,** Charlottenburg, Technische Hochschule, Witzlebenstr. 26.
» **H. Kiliani,** Freiburg i. B., Chem. Univers.-Laborat.
» **H. Klinger,** Königsberg i. Pr., Chem. Univers.-Laborat.
» **L. Knorr,** Jena, Chem. Univers.-Laborat., Schillerstr. 1.
» **Fr. Krafft,** Heidelberg, Wilhelmstr. 2.
» **W. Küster,** Stuttgart, Laborat. für organische u. pharmazeut. Chemie der
» Technischen Hochschule.
» **M. Le Blanc,** Leipzig, Phys.-chem. Institut, Linnéstr. 2.
» **W. Manchot,** München, Anorgan. Laborat. der Technischen Hochschule.
» **J. Meisenheimer,** Greifswald, Chem. Univers.-Laborat.
» **R. Meyer,** Braunschweig, Technische Hochschule.
» **W. Nernst,** Berlin NW., Phys.-chem. Univers.-Laborat., Bunsenstr. 1.
» **C. Paal,** Leipzig, Laborat. für angewandte Chemie, Brüderstr. 34.
» **Th. Paul,** München, Laborat. f. angew. Chemie, Karlstr. 29.
» **P. Pfeiffer,** Rostock, Chem. Univers.-Laborat.
» **R. Pschorr,** Charlottenburg, Technische Hochschule.
» **H. Reisenegger,** Charlottenburg, Technisch-chem. Institut der Technischen Hochschule, Berliner Str. 172.
» **E. H. Riesenfeld,** Freiburg i. B., Technologisches Institut der Universität, Albertstr. 21.
» **O. Ruff,** Breslau XVI, Anorg.-chem. Institut der Technischen Hochschule, Borsigstr.
» **E. Rupp,** Königsberg, Pharmaz.-chem. Insitut, Besselstr. 3.
» **R. Schenck,** Münster i. W., Chem. Univers.-Laborat., Johannisstr. 7.
» **E. Schmidt,** Marburg i. H., Pharm.-chem. Univers.-Laborat.
» **R. Scholl,** Dresden, Technische Hochschule.
» **G. Schroeter,** Berlin NW. 6, Chem. Institut der tierärztlichen Hochschule, Philippstr. 13.
» **G. Schultz,** München, Technische Hochschule.
» **F. W. Semmler,** Breslau XVI, Technische Hochschule, Borsigstr.
» **K. Seubert,** Hannover, Technische Hochschule.
» **M. Siegfried,** Leipzig, Physiolog. Inst. d. Univers., Liebigstr. 16.
» **A. Stock,** Dahlem, Kaiser-Wilhelm-Institut für Chemie.
» **G. Tammann,** Göttingen, Physik.-chem. Institut.
» **E. Vongerichten,** Jena, Technisch-chem. Institut der Universität.
» **D. Vorländer,** Halle a. S., Chem. Univers.-Laborat.
» **H. v. Wartenberg,** Danzig-Langfuhr, Technische Hochschule.
» **H. Wieland,** München, Org.-chem. Laborat. der Technischen Hochschule.

Prof. **R. Willstätter,** München, Chem. Laborat. d. Akademie d. Wissenschaften Arcisstr. 1.

» **A. Windaus,** Göttingen, Allgem. chem. Univers.-Laborat.

» **W. Wislicenus,** Tübingen, Chem. Univers.-Laborat.

» **A. Wohl,** Danzig-Langfuhr, Technische Hochschule.

» **L. Wöhler,** Darmstadt, Technische Hochschule.

» **R. Zsigmondy,** Göttingen, Anorgan.-chem. Laborat. der Universität.

Auf Grund der Braunschweiger Statuten sind bis zum 1. April 1918 folgende Register der abgelegten Prüfungen an den Sekretär des Verbandes eingesandt worden.

F.

Register der im Sommer 1917 und im Winter 1917/18 ausgestellten Verbandszeugnisse.

Anorganisches und Organisches Laboratorium der Technischen Hochschule Aachen.

Aufgedruckte No. der Zeugniskarte	Vorname	Zuname	Geburtsort	Vorbildung	Examinatoren	Datum der Ausfertigung	Art der Prüfung
S.-S. 17							
11529	Adolf	Weiland	Cöln	G. IIa Ap.	Bredt, Classen	18./7. 17	V.

Erstes Chemisches Institut der Universität Berlin.

Aufgedruckte No. der Zeugniskarte	Vorname	Zuname	Geburtsort	Vorbildung	Examinatoren	Datum der Ausfertigung	Art der Prüfung
S.-S. 17							
11035	Eva	Conrad	Posen	R.-G.		21./5. 17	
11915	Kurt W.	Typke	Werder a. H.	G.		21./5. 17	
11917	Hans	Zocher	Bad Liebenstein (S.-M.)	R.-G.	E. Fischer	21./5. 17	
11918	Paul	Dangschat	Timber (O.-Pr.)	G.		24./5. 17	
11387	Fritz	Krause	Ostrau (Sachs.)	R.-G.	i.V.H.Schulze, E. Fischer	24./5. 17	
11911	Agesilaos	Ginellis	Burgas (Bulg.)	R.-G.		30./7. 17	
11916	Gerda	Anger	Kassel	R.-G.		30./7. 17	
W.-S. 17/18							
11920	Marta	Ehrlich	Kottbus	R.-G.		6./12. 17	
10996	Max	Schmidt	Berlin	R.-G.		6./12. 17	
11927	Friedrich	Büscher	Berlin	R.-G.	E. Fischer	19./12. 17	
11912	Hans	Kleinmann	Berlin	R.-G.		19./12. 17	
11008	Otto	Lecher	Kottbus	G.		19./12. 17	
11930	Erich	Brauer	Berlin-Schönebg.	R.-G.		31./1. 18	
11924	Waldemar	Jenisch	Berlin	R.-G.		1./2. 18	

Anorganisches Laboratorium der Technischen Hochschule Berlin.

Aufgedruckte No. der Zeugniskarte	Vorname	Zuname	Geburtsort	Vorbildung	Examinatoren	Datum der Ausfertigung	Art der Prüfung
W.-S. 17/18							
11549	Ida	Tacke	Lackhausen bei Wesel	R.-G.	Hofmann	25./10. 17	D.

Organisches Laboratorium der Technischen Hochschule Berlin.

Aufgedruckte No. der Zeugniskarte	Vorname	Zuname	Geburtsort	Vorbildung	Examinatoren	Datum der Ausfertigung	Art der Prüfung
W.-S. 17/18							
11206	**Ernst**	**Korten**	Elberfeld	R.-G.	Anschütz i. V. Simonis	28./1. 18	V.
Chemisches Institut der Universität Bonn.							
W.-S. 17/18							
11208	**Emma**	**Kres**	Bonn	Lyc.	Anschütz	9./1. 18	
11209	**Kathar.**	**Ruland**	Cöln	R.-G.	Anschütz	9./1. 18	
11202	**Karl**	**Riemer**	Elberfeld	O.-R.-Sch.	Anschütz	9./1. 18	
11193	**Heinrich**	**Fritz**	Cöln	Einj.	Anschütz	22./2. 18	
Chemisches Institut der Universität Breslau.							
S.-S. 17							
10952	**Rudolf**	**Lemberg**	Breslau	G.	Gadamer	31./5. 17	
10948	**Rudolf**	**Robl**	Ratibor	R.-G.	Gadamer	26./7. 17	
W.-S. 17/18							
10951	**Gertrud**	**Markus**	Kattowitz	O.-R.-Sch.	Biltz	6./2. 18	
10955	**Dorothea**	**Heidrich**	Graeben bei Striegau	R.-G.	Biltz	6./2. 18	
10953	**Edith**	**Glaser**	Kattowitz	Ob.-Lyc.	Biltz	6./2. 18	
Chemisches Institut der Technischen Hochschule zu Darmstadt.							
S.-S. 17							
11479	**Hans**	**Brückmann**	Darmstadt	R.-G.	Wöhler	30./4. 17	D.
11480	**Heinrich**	**Ulrich**	Darmstadt	O.-R.-Sch.	Wöhler	30./4. 17	D.
W.-S. 17/18							
11481	**Paul**	**Seidel**	Eisleben	O.-R.-Sch.	Wöhler	1./2. 18	D.
11482	**Hugo**	**Vierheller**	Darmstadt	R.-G.	Wöhler	21./3. 18	D.
Chemisches Laboratorium der Technischen Hochschule Dresden.							
S.-S. 17							
11839	**Paul**	**Jäger**	Annaberg	R.-G.	F. Foerster R. Scholl	26./4. 17	D.
11840	**Hans Bernhard**	**Seebohm**	Berlin	O.-R.-Sch.	F. Foerster R. Scholl	26./4. 17	D.
11841	**Annemarie**	**Otto**	Dresden	Stud.-Anst. Chemnitz	F. Foerster R. Scholl	26./4. 17	D.
11842	**Ilse**	**Ernst**	Dresden	Höhere Mädchenschule	F. Foerster R. Scholl	27./7. 17	V.
11843	**Lotte**	**Geißler**	Rochlitz	Höhere Mädchenschule	F. Foerster R. Scholl	27./7. 17	V.
11844	**Hedwig**	**Wollmann**	Dresden	Höhere Mädchenschule	F. Foerster R. Scholl	27./7. 17	V.
W.-S. 17/18							
10423	**Gustav**	**Rost**	Wachwitz b. Dr.	R.-G.	F. Foerster R. Scholl	20./12. 17	V.

Pharmazeutisch-chemisches Institut und Laboratorium für angew. Chemie der Universität Erlangen.

Aufgedruckte No. der Zeugniskarte	Vorname	Zuname	Geburtsort	Vorbildung	Examinatoren	Datum der Ausfertigung	Art der Prüfung
W.-S. 17/18							
11165	Heinrich	Schlee	Erlangen	G.	Busch	5./12. 17	

Chemisches Institut der Universität Frankfurt a. M.

S.-S. 17							
11375	Werner	Obermeier	Annen i. Westf.	G.	Freund	23./7. 17	
W.-S. 17/18							
11378	Waldemar	Kaufmann	Frankfurt a. M.	O.-R.-Sch.	Freund	24./1. 18	

Chemisches Laboratorium der Universität Freiburg i. Br. (naturw. Abt.).

S.-S. 17							
10736	Franz	Anselm	Freiburg i. Br.	R.-G.	Gattermann	12./7. 17	V.
W.-S. 17/18							
10740	Hans	Schindhelm	Straßburg i. Els.	O.-R.-Sch. IIa	Gattermann	19./10. 17	V.
10743	Friedrich	Racke	Mainz	G.	Gattermann	8./11. 17	V.
10741	Erich	Hellige	Freiburg i. Br.	O.-R.-Sch.	Gattermann	14./11. 17	V.
10744	Hans	Rolfes	Johannesburg	R.-G.	Gattermann	14./11. 17	V.
10742	Kurt	Meier	Freiburg i. Br.	G.	Gattermann	1./3. 18	V.

Chemisches Laboratorium der Universität Gießen.

W.-S. 17/18							
11434	Elli	Riffert	Lüneburg	R.-G.	Elbs	6./11. 17	
9836	Karl	Unger	Mainz	O.-R.-Sch.	Elbs	4./12. 17	

Allgemeines chemisches Universitätslaboratorium Göttingen.

W.-S. 17/18							
11324	Käthe	Lenz	Elberfeld	R.-G.	Windaus	1./2. 18	
11325	Margar.	Wipperling	Elberfeld	R.-G.	Windaus	1./2. 18	

Chemisches Institut der Universität Halle a. S.

S.-S. 17							
11388	Sophie	Eggert	Deesdorf Prov. Sachsen	R.-G.	i. V. H. Schulze	29./8. 17	

Laboratorium für Anorganische Chemie der Technischen Hochschule Hannover.

Aufgedruckte No. der Zeugniskarte	Vorname	Zuname	Geburtsort	Vorbildung	Examinatoren	Datum der Ausfertigung	Art der Prüfung
S.-S. 17							
11233	Paul	Möller	Disteln	O.-R.-Sch.	Seubert Behrend	1./5. 17	D.
11234	Adolf	Asche	Hannover	O.-R.-Sch.		18./5. 17	D.
11235	Georg	Walther	Kalbsrieth	Associate of Agricult. Univ. Toronto		11./6. 17	V.
11237	Ilse	Oberste-Berghaus	Hannover	Lyc.		31./8. 17	V.
11239	Franziska	Müller	Hamburg	Lyc. u Sem.		24./7. 17	V.
11240	Konstant	Kortman	Rotterdam	G.		25./7. 17	D.
11241	Nicolai	Brömme	St. Petersburg	G.		25./7. 17	D.
W.-S. 17/18							
11242	Friedrich	Boes	Beedenbostel (Celle)	G. IIa		1./2. 18	V.
11243	Helene	Sessler	Hannover	Töcht.-Sch.		1./2. 18	V.
11244	Ruth	Chales de Beaulieu	Hannover	R.-G. IIa		1./2. 18	V.
11245	Erika	Hanekop	Hannover	Lyc.		2./2. 18	V.
11246	Margarete	Schulze	Hannover	Töcht.-Sch.		2./2. 18	V.
11247	Elisabeth	Schlieper	Hannover	Töcht.-Sch.		2./2. 18	V.

Chemisches Universitäts-Laboratorium Heidelberg.

W.-S. 17/18							
10002	Albert	Römer	Leichlingen	G.	Curtius	16./10. 17	
11072	Emil	Krauch	Darmstadt	G.		23./2. 18	

Laboratorium des Prof. F. Krafft in Heidelberg.

S.-S. 17							
11056	Eugen	Sapper	Ludwigshafen a. Rh.	G.	Krafft	16./7. 17	V.
11051	Richard	Müller	Hilsbach (Bad.)	G.		27./7. 17	V.
W.-S. 17/18							
11952	Karl	Müller	Altheim (Baden)	G.		1./2. 18	V.

I. Chemisches Institut der Universität Jena.

W.-S. 17/18							
11222	Kurt	Schroeter	Kahla	O.-R.-Sch.	i. V. Wolff	19./10. 17	
11919	Annemarie	Beuther	Küstrin	R.-G.	E. Fischer i. V. Wolff	6./11. 17	

Chemisches Institut der Technischen Hochschule zu Karlsruhe i. B.

Aufgedruckte No. der Zeugniskarte	Vorname	Zuname	Geburtsort	Vorbildung	Examinatoren	Datum der Ausfertigung	Art der Prüfung
S.-S. 17							
10550	Helmuth	Katz	Gernsbach	R.-G.	Engler	20./4. 17	D.
10555	WalterFl.	Holst	Kristiania	O.-R.-Sch.	Engler	15./5. 17	D.
W.-S. 17/18							
10558	August	Eisenhut	Mannheim	R.-G.	Engler	27./1. 18	D.
10559	Marta	Peter	Karlsruhe	Mädch.-G.	Engler	27./1. 18	D.

Chemisches Institut der Universität Kiel.

S.-S. 17							
10971	Georg	Reipprich	Lauban	G.	Harries, Diels	3./4. 17	V.
11703	Friedrich	Noack	Triest	G.	Harries, Diels	20./7. 17	V.
11706	Walter	Ahrens	Altona	R.-G.	Diels	8./8. 17	V.
W.-S. 17/18							
11708	Gustav	Franck	Gneversdorf	R.-G.	Diels	1./10. 17	V.
11705	Araminta	Nissen	Hamburg	Lyc.	Harries, Diels	24./10. 17	V.
11704	Carry	Salomon	Hamburg	R.-G.	Diels	24./10. 17	V.
11702	Ilse	Goebel	Wiesbaden	O.-R.-Sch.	Diels	26./1. 18	V.

Chemisches Laboratorium der Universität Leipzig.

W.-S. 17/18							
12053	Max	Hardtmann	Leipzig	G.	Hantzsch	26./2. 18	V.

Laboratorium für angewandte Chemie und Pharmazie der Universität Leipzig.

W.-S. 17/18							
11501	Marie	Meyer	Ludwigshafen a. Rh.	R.-G.	Paal	15./10. 17	
12051	Hildegard	Lauth	Leipzig	O.-R.-Sch.	Hantzsch, Paal	12./12. 17	
10770	Lucy	Lövy	Chemnitz i. S.	R.-G.	Hantzsch, Paal	12./12. 17	
11520	Elisabeth	Tornow	Weißfelde	Priv.-Sch.	Paal	19./12. 17	

Physiologisch-chemisches Institut der Universität Leipzig.

S.-S. 17							
11256	Walter	Strauss	Leipzig	R.-G. abs. Ib	M. Siegfried	17./7. 17	

Chemisches Institut der Universität Marburg.

W.-S. 17/18							
11135	Marianne	Düesberg	Hagen i. W.	G.	v. Auwers	7./1. 18	

Chemisches Laboratorium des Staates, Universität München.

Aufgedruckte No. der Zeugniskarte	Vorname	Zuname	Geburtsort	Vorbildung	Examinatoren	Datum der Ausfertigung	Art der Prüfung
S.-S.17							
11068	Otto	Hambsch	Ludwigshafen a. Rh.	O.-R.-Sch.	Curtius, Willstätter	30./4. 17	
10732	Hans	Weidmann	Berlin	G.	Gattermann, Willstätter	1./5. 17	
10643	Gertrud	Rau	Münzingen	R.-G.	Willstätter	7./5. 17	
11405	Susanne	Mugdan	Breslau	G.	Ruff, Willstätter	15./5. 17	
10738	Margar.	Carstens	Braunschweig	R.-G.	Gattermann, Willstätter	15./5. 17	
10737	Heinrich	Mühlhäuser	Davos-Platz	G.		16./5. 17	
10730	Paul	Tust	Elberfeld	R.-G.		21./5. 17	
10644	Elisabeth	Müller	Hamburg	R.-G.	Willstätter	25./5. 17	
10645	Paula	Merkel	Nürnberg	R.-G.		6./6. 17	
10780	Erich	Müller	Radolfzell	G.	Buchner, Willstätter	15./6. 17	
10646	Irene	Heermann	Hamburg	R.-G.	Willstätter	26./6. 17	
10647	Horst	Schmidt	Rendsburg	G.		9./7. 17	
W.-S. 17/18							
10648	Elias	Pupkow	Lida (Gouv. Wilna)	G.		11./10. 17	
10649	Alex.	v. Steiger	Paris	G.		29./10. 17	
10650	Hildeg.	Fritsch	Boppard	R.-G.		8./1. 18	

Laboratorium für angewandte Chemie an der Universität München.

Aufgedruckte No. der Zeugniskarte	Vorname	Zuname	Geburtsort	Vorbildung	Examinatoren	Datum der Ausfertigung	Art der Prüfung
S.-S. 17							
11752	Max	Landauer	München	Ap. I	Th. Paul	23./7. 17	
W.-S. 17/18							
11772	Ernst	Bohnen	Berlin	R.-G.		23./11. 17	

Anorganisch-chemisches und chemisch-technisches Laboratorium der Technischen Hochschule München.

Aufgedruckte No. der Zeugniskarte	Vorname	Zuname	Geburtsort	Vorbildung	Examinatoren	Datum der Ausfertigung	Art der Prüfung
S.-S. 17							
7717	Fritz	Bößenecker	Nördlingen	R.-G.	Manchot, Schultz	30./6. 17	D.
7718	August	Buch	Berlin	R.-G.		30./6. 17	D.
7719	Johann	Feldkirchner	Nürnberg	O.-R.-Sch.		30./6. 17	D.
7720	Hans	Haunschild	München	O.-R.-Sch.		30./6. 17	D.
9863	Carl	Heinrich	Hof i. B.	G.	Wallach, Schultz	30./6. 17	D.
9417	Leopold	Hurtzig	Schonungen	G.	Manchot, Schultz	30./6. 17	D.
9418	Alexand.	Lasztovicza	Horgos	Ob.-G. (Ung.)		30./6. 17	D.
9420	Marie	Stojanová	Schloß Sadeck	O.-R.-Sch. (Kremsier)		30./6. 17	D.

Anorganisch-chemisches und chemisches Laboratorium der Technischen Hochschule München. Fortsetzung.

Aufgedruckte No. der Zeugniskarte	Vorname	Zuname	Geburtsort	Vorbildung	Examinatoren	Datum der Ausfertigung	Art der Prüfung
S.-S. 17							
11735	Heinrich	Täschlein	Bamberg	O.-R.-Sch.	Manchot, Schultz	30./6. 17	D.
11736	Alexand.	Zimmermann	Himmelsmühle (Sa.)	Gew.-Ak. Chemnitz	Manchot, Schultz	29./7. 17	D.

Chemisches Institut der Universität Münster i. W.

Aufgedruckte No. der Zeugniskarte	Vorname	Zuname	Geburtsort	Vorbildung	Examinatoren	Datum der Ausfertigung	Art der Prüfung
S.-S. 17							
11876	Maria	Kintzinger	Metz	R.-G.	Schenck	15./6. 17	
W.-S. 17/18							
11877	Fritz	Rinke	Duisburg-Ruhrort	R.-G.	Schenck	29./9. 17	
11878	Felix	Hebler	Wittlich	R.-G.	Schenck	3./10. 17	
11141	Carl	Blasberg	Barmen	R.-G.	v. Auwers, Schenck	13./11. 17	
11070	Paula	Knickenberg	Medebach	R.-G.	Curtius, Schenck	21./12. 17	
11128	Albert	Bergmann	Neheim	G. Ib	Salkowski, Schenck	21./12. 17	

Chemisches Institut der Universität Rostock.

Aufgedruckte No. der Zeugniskarte	Vorname	Zuname	Geburtsort	Vorbildung	Examinatoren	Datum der Ausfertigung	Art der Prüfung
S.-S. 17							
11120	Arnold	Flater	Danzig	Ap. I	Pfeiffer	1./9. 17	

Chemisches Institut der Universität Straßburg.

Aufgedruckte No. der Zeugniskarte	Vorname	Zuname	Geburtsort	Vorbildung	Examinatoren	Datum der Ausfertigung	Art der Prüfung
W.-S. 17/18							
10844	Lucie	Weitz	Pfirt (O.-E.)	Mädch.-Sch.	Thiele	3./12. 17	V.

Laboratorium für organ. u. pharmaz. Chemie der Technischen Hochschule Stuttgart.

Aufgedruckte No. der Zeugniskarte	Vorname	Zuname	Geburtsort	Vorbildung	Examinatoren	Datum der Ausfertigung	Art der Prüfung
S.-S. 17							
11427	Wilhelm	Weber	Uhlbach	O.-R.-Sch.	Küster	23./3. 17	V.
W.-S. 17/18							
11971	Karl	Hils	Triberg	Ap.	Küster	5./12. 17	V.

Chemisches Laboratorium der Universität Tübingen.

Aufgedruckte No. der Zeugniskarte	Vorname	Zuname	Geburtsort	Vorbildung	Examinatoren	Datum der Ausfertigung	Art der Prüfung
S.-S. 17							
11796	Georg	Fischer	Ravensburg	O.-R.-Sch.	Wislicenus	25./5. 17	
11797	Robert	Schweizer	Holzgerlingen (O.-A. Böblingen)	R.-G.	Wislicenus	20./7. 17	

Chemisches Laboratorium der Universität Tübingen.

Fortsetzung.

Aufgedruckte Nô. der Zeugniskarte	Vorname	Zuname	Geburtsort	Vorbildung	Examinatoren	Datum der Ausfertigung	Art der Prüfung
W.-S. 17/18							
11798	Walter	Hieber	Stuttgart	G.	Wislicenus	15./10. 17	
11799	Walter	Haberer	Stuttgart	G.	Wislicenus	24./1. 18	
12081	Eberhard	Klumpp	Hausen (O.-A.Gerabronn)	G.	Wislicenus	16./3. 18	

Chemisches Institut der Universität Würzburg.

S.-S. 17							
11067	Seligmann	Bamberger	Schrimm	O.-R.-Sch.	Curtius i. V. Reitzenstein	25./8. 17	
W.-S. 17/18							
11992	Elisabeth	Glorius	Breslau	Mädch.-R.-G. abs. IIb. Ap.	Buchner i. V. Reitzenstein	26./1. 18	

Laboratorium für angewandte Chemie der Universität Würzburg.

S.-S. 17							
11280	Joseph	Meisner	Steinsfeld	Ap.	Heiduschka	22./12. 17	V.

Übersicht über die Vorbildung der Kandidaten.

Von den 134 Kandidaten, denen im Sommer-Semester 1917 und Winter-Semester 1917/18 Verbandszeugnisse ausgestellt worden sind (s. Seite 37), haben:

105 eine deutsche oder österr.-ungarische Mittelschule (G., R.-G., O.-R.-Sch.) absolviert,
6 haben die Staatsprüfung für Apotheker abgelegt,
1 hat eine Gewerbeakademie absolviert,
5 haben eine höhere Mittelschule bis Obersekunda oder darüber besucht, ohne das Abiturientenzeugnis zu erlangen,
1 hat das Zeugnis für den Dienst als Einj.-Freiwilliger,
15 haben eine Lyceum, eine Studienanstalt, eine höhere Mädchenschule oder eine Privatschule absolviert und
1 hat eine ausländische landwirtschaftliche Hochschule besucht.

134

G.

Übersichtstabelle über die Anzahl der ausgestellten Verbandszeugnisse.

Ort	Institut	Zahl der ausgestellten Zeugnisse			
		im Sommer 1917.		Im Winter 1917/18.	
		U*)	T*)	U*)	T*)
Aachen	Chemisches Laboratorium T	—	1	—	—
Berlin	I. Chemisches Institut U	7	—	7	—
Berlin	Anorganisches Laboratorium T	—	—	—	1
Berlin	Organisches Laboratorium T	—	—	—	1
Bonn	Chemisches Institut U	—	—	4	—
Breslau	Chemische Institute T	2	—	3	—
Darmstadt	Chemisches Institut T	—	2	—	2
Dresden	Chemische Institute T	—	6	—	1
Erlangen	Pharmazeutisch-chemisches Institut U	—	—	1	—
Frankfurt a. M.	Chemisches Institut U	1	—	1	—
Freiburg	Chemisches Laboratorium (naturw. Abt.) U	1	—	5	—
Gießen	Chemisches Laboratorium U	—	—	2	—
Göttingen	Allgemeines chemisches Laboratorium U	—	—	2	—
Halle	Chemisches Institut U	1	—	—	—
Hannover	Laboratorium für anorganische Chemie T	—	7	—	6
Heidelberg	Universitäts-Laboratorium U	—	—	2	—
Heidelberg	Laboratorium des Prof. F. Krafft U	2	—	1	—
Jena	I. Chemisches Institut U	—	—	2	—
Karlsruhe	Chemisches Institut T	—	2	—	2
Kiel	Chemisches Institut U	3	—	4	—
Leipzig	Chemisches Laboratorium U	—	—	1	—
Leipzig	Laboratorium für angewandte Chemie und Pharmazie U	—	—	4	—
Leipzig	Physiologisch-chemisches Institut U	1	—	—	—
Marburg	Chemisches Institut U	—	—	1	—
München	Chemisches Laboratorium des Staates U	12	—	3	—
München	Laboratorium für angewandte Chemie U	1	—	1	—

München	Anorganisch-chemisches und chemisch-technisches Laboratorium T	—	10	—	—
Münster	Chemisches Institut U	1	—	5	—
Rostock	Chemisches Institut U	1	—	—	—
Straßburg	Chemisches Institut U	—	—	1	—
Stuttgart	Laboratorium für organische und pharmazeutische Chemie T	—	1	—	1
Tübingen	Chemisches Laboratorium U	2	—	3	—
Würzburg	Chemisches Institut U	1	—	1	—
Würzburg	Laboratorium für angewandte Chemie U	1	—	—	—
	insgesamt	37	29	54	14

Es sind ausgestellt worden:

bis Sommersemester 1916 . . . . 8945 Verbandszeugnisse,
im Sommersemester 1916[1]) . . . . 58 Verbandszeugnisse, hiervon 36 an 13 Universitäten, 22 an 8 Technischen Hochschulen,
im Wintersemester 1916/17 . . . . 66 Verbandszeugnisse, hiervon 49 an 14 Universitäten, 17 an 6 Technischen Hochschulen,
im Sommersemester 1917 . . . . 66 Verbandszeugnisse, hiervon 37 an 13 Universitäten, 29 an 7 Technischen Hochschulen,
im Wintersemester 1917/18 . . . . 68 Verbandszeugnisse, hiervon 54 an 18 Universitäten, 14 an 6 Technischen Hochschulen.

bisher insgesamt ausgestellt 9203 Verbandszeugnisse.

*) U bedeutet Universität, T Technische Hochschule. — [1]) s. S. 49.

H.

Register der Ergänzungszeugnisse

zu den Zeugnissen

des Verbandes der Vorstände chemischer Laboratorien an deutschen Hochschulen

für Sommer-Semester 1917 und Winter-Semester 1917/18.

Technologisches Institut der Universität Freiburg i. Br.

Nummer des Zeugnisses	Vorname	Zuname	Geburtsort	Datum der Ausfertigung	Examinatoren	Prüfungsgegenstand
S.-S. 17						
10734	**Lambert.**	**van Bergen**	Winssen (Holld.)	21./6. 17	Riesenfeld	Anorg. u. organ.
9677	**Karl**	**Dorner**	Freiburg i. Br.	12./7. 17	Riesenfeld	Technologie.

Chemisches Laboratorium des Staates, Universität München.

Nummer des Zeugnisses	Vorname	Zuname	Geburtsort	Datum der Ausfertigung	Examinatoren	Prüfungsgegenstand
W.-S. 17/18						
10601	**Albin**	**Hardt**	Groitzsch	25./1. 18	v. Groth	Mineralogie.

Die Zahl der abgehaltenen Ergänzungsprüfungen beträgt 3. Außerdem sind 26 Kandidaten noch in anderen Fächern geprüft worden, da 26 Zeugnisse auf Grund der Diplom(vor)-prüfung ausgestellt worden sind.

I.

Liste der Doktordissertationen

des

Verbandes der Laboratoriumsvorstände an deutschen Hochschulen

für Sommer-Semester 1917 und Winter-Semester 1917/18.

An Stelle der Zeugnisnummer befindet sich der Vermerk: fehlt, wenn der Kandidat die Verbandsprüfung nicht abgelegt hat. In den meisten Fällen hat der Kandidat aber eine gleich- oder höherwertige Fachprüfung absolviert (z. B. die Diplomprüfung).

(* bedeutet, daß keine Auskunft zu erhalten war.)

Technische Hochschule Aachen.

Laufende No.	Name des Promovierten	No. des Verbands-zeugnisses	Vorbildung	Titel der Dissertation	Bezeichnung des Laboratoriums	Name des Dozenten, welcher die Arbeit geleitet hat	Ort der Promotion ev. Fehlanzeige
1	**L. Schumann**	10254	G.	Über intramoleculare Umlagerung der Bornylencarbonsäure.	Organ. Lab. der Techn. Hochschule Aachen	Bredt	Aachen

Universität Berlin.

Laufende No.	Name des Promovierten	No. des Verbands-zeugnisses	Vorbildung	Titel der Dissertation	Bezeichnung des Laboratoriums	Name des Dozenten, welcher die Arbeit geleitet hat	Ort der Promotion ev. Fehlanzeige
1	**Leopold Kirberger**	10327	R.-G.	Über Isomerieverhältnisse im Pulegen u. über eine Synthese der Glukoferulasäure.	Chem. Inst. Breslau	Semmler	
2	**Heinz Ohle**	10227	R.-G.	Zur Kenntnis des Normal- und Isopropylamins.		Gabriel	
3	**Adelheid v. Merkatz**	11024	R.-G.	Beitrag zur Kenntnis der Pyrimidine.			Berlin. U.
4	**Rudolf Wilkendorf**	10220	R.-G.	Über einige Abkömmlinge des Peperonals.	I. Chem. Institut der Univ. Berlin		
5	**Anna Krahmer**	11383	R.-G.	I. Eine neue Darstellungsweise der Fluoride organischer Säuren. II. Über einige Derivante der 2-Phenylpurins.		W. Traube	

Universität Berlin. Fortsetzung.

Laufende No.	Name des Promovierten	No. des Verbandszeugnisses	Vorbildung	Titel der Dissertation	Bezeichnung des Laboratoriums	Name des Dozenten, welcher die Arbeit geleitet hat	Ort der Promotion ev. Fehlanzeige
6	**Ernst Schulz**	11020	O.-B.-Sch.	Zur Kenntnis der Aminokatone.	I. Chem. Institut der Univ. Berlin	Gabriel	Berlin U.
7	**Osman Nouri**	10989	R.-G.	Darstellung der Nitrile von Phenolcarbonsäuren. Synthese des Phloretins. Bildung von Hydrocumarinderivaten aus Phlorogluoin.	I. Chem. Institut der Univ. Berlin	E. Fischer	Berlin U.
8	**Bruno Löwenberg**	11010	R.-G.	Über O-Phtalimidobenzoylmalonester. Zur Kenntnis der α-Methylphtalsäure.	I. Chem. Institut der Univ. Berlin	Gabriel	Berlin U.
9	**Eduard v. Drahten**	11028	O.-R.-Sch.	Über Chlor- und Bromamidosulfonate. Zur Kenntnis der Hydrazinosulfonsäure.	I. Chem. Institut der Univ. Berlin	W. Traube	Berlin U.

Technische Hochschule Berlin.

Laufende No.	Name des Promovierten	No. des Verbandszeugnisses	Vorbildung	Titel der Dissertation	Bezeichnung des Laboratoriums	Name des Dozenten, welcher die Arbeit geleitet hat	Ort der Promotion ev. Fehlanzeige
1	**Joseph Gevosdz**	fehlt (Dipl.)	*	Das Wassergasgleichgewicht bei niederen Temperaturen.	Anorgan. Labor. der Techn. Hochschule Berlin		Berlin T. H.
1	**Aug. Jungblut**	10108	R.-G.	Über Cumarine aus symmetrischem Xylenol.	Organ. Labor. der Techn. Hochschule Berlin	Simonis	Berlin U.
2	**Wolfg. Ponndorf**	11793	G.	Neue Synthesen in der Cumarinreihe.	Organ. Labor. der Techn. Hochschule Berlin	Simonis	Berlin U.
3	**Oskar Zeller**	fehlt (Dipl.)	G.	Die Halogenderivate des Chromons und seiner Homologen.	Organ. Labor. der Techn. Hochschule Berlin	Simonis	Berlin T. H.

Universität Bonn.

Laufende No.	Name des Promovierten	No. des Verbandszeugnisses	Vorbildung	Titel der Dissertation	Bezeichnung des Laboratoriums	Name des Dozenten, welcher die Arbeit geleitet hat	Ort der Promotion ev. Fehlanzeige
1	**Hans Dott**	10239	G.	Über 1,5-Dialdehyde und 1,5-Ketonaldehyde und deren Umlagerung in δ-Laktone; Beiträge zur Kenntnis der Cannizzaroschen Reaktion u. der Benzilsäureumlagerung.	Chem. Inst. d. Univ. Bonn	Meerwein	Bonn

2	**Fritz Post**	11203	O.-R.-Sch.	Über die Zersetzung der Acetyl-o-kresotinsäure beim Erhitzen unter vermindertem Druck und das Di-o-kresotinsäureanhydrid.	Chem. Inst. d. Univ. Bonn	Anschütz	Bonn

Universität Breslau.

1	**Hans Bülow**	10275	G.	7,9-Dialkylharnsäuren.	Chem. Inst. d. Univ. Breslau	H. Biltz	Breslau U.
2	**Myron Heyn**	9304	R.	Beiträge zur Kenntnis der Harnsäure.			
3	**Fritz Max**	10026	R.-G.	Über einige Harnsäuren mit Äthyl in Stellung 1.			

Technische Hochschule Darmstadt.

1	**Wilhelm Winter**	10393	G.	Zur Kenntnis des Phenylglyoxalidons und Isophenylglyoxalidons.	Inst. f. org. Chemie d. T. Hochsch. Darmstadt	Finger	Darmstadt

Technische Hochschule Dresden.

1	**Christian Hörbye**	10437	Frogners hoiere almenskole Christiania	Beiträge zur Kenntnis der Benzoinreaktion und einiger durch diese Reaktion gewonnener gemischten Benzoine.	Org.-chem. Lab. der Techn. Hochsch. Dresden	v. Walther	Dresden
2	**Erling Finne**	10467	Real. Ex. Artium	Leitfähigkeit von Säuren und Salzen in Methylalkohol.	Anorg.-chem. Lab. d. T. Hochsch. Dresden	Foerster	
3	**Max Kahlert**	9779	R.-G.	Studien über Lösungen von Kupferoxyd in konz. Natronlauge.	Phys.-chem. Lab. d. T. Hochsch. Dresden	Erich Müller	

Universität Erlangen.

1	**Josef Haller**	11162	G.	Zur Kenntnis der Diphenylmethanreihe.	Lab. f. angew. Chem. d. Univ. Erlangen	Busch	Erlangen

Universität Frankfurt a. M.

Laufende No.	Name des Promovierten	No. des Verbands-zeugnisses	Vorbildung	Titel der Dissertation	Bezeichnung des Laboratoriums	Name des Dozenten, welcher die Arbeit geleitet hat	Ort der Promotion ev. Fehlanzeige
1	**Walter Melber**	9888	O.-R.-Sch.	I. Über höhere Diäthylindandion-Kondensationsprodukte des Toluols, p-Cymols, α- und β-Methylnaphtalins. II. Beiträge zur Kenntnis des Dihydrocodeins.		Freund	
2	**Berthold Stein**	9832	R.-G.	Über die Einwirkung von o-Chlorbenzaldehyd auf Nitramine und eine neue Bildungsweise v. Acridinabkömmlingen.		Mayer	
3	**Rudolf Gauff**	11374	G.	Beitrag zur Kenntnis des Cytisins.		Freund	
4	**Emilie Loos**	11062	R.-G.	Synthese von Derivaten der Diäthylaminoacetylsalicylsäure.		Hahn	
5	**Frank English**	11364	O.-R.-Sch.	Zur Kenntnis der Pschorrschen Phenanthrensynthese.	Chem. Inst. d. Univ. Frankfurt a. M.	Mayer	Frankfurt a. M.
6	**Erich Schlesinger**	10713	G.	Beitrag zur Kenntnis des Codeins.			
7	**Otto Heifer**	10233	R.-G.	Beitrag zur Kenntnis des Opianlactylhydratnarceins und Opianylcotarnins.			
8	**Elisabeth Keßler**	11362	R.-G.	Beitrag zur Kenntnis der Einwirkung von magnesiumhalogenorganischen Verbindungen auf Chinolinjodmethylat und seine Derivate.		Freund	
9	**Gertrud Oppenheimer**	11365	R.-G.	Über Abkömmlinge des β-Methylnaphtalins (Nitrophenylbenztraubensäure, Nitrophenylessigsäure und das Benzphenanthren).		Mayer	

Universität Freiburg i. Br.

Laufende No.	Name des Promovierten	No. des Verbands-zeugnisses	Vorbildung	Titel der Dissertation	Bezeichnung des Laboratoriums	Name des Dozenten, welcher die Arbeit geleitet hat	Ort der Promotion ev. Fehlanzeige
1	**Hugo Langfurth**	fehlt	G. (Nahrungsmittelchemiker)	Über die ungesättigten Säuren des Erdnuß- und Walratöles.	Chem. Univ.-Labor. (naturw. Abt.) Freiburg i. Br.	Meigen	Freiburg i. Br.
2	**Fritz Leibbrandt**	10735	O.-R.-Sch.	Methylierung von Piperidincarbonsäuren.		Hess	

Universität Göttingen.

1	**Wilhelm Treibs**	fehlt	R.-G.	Ester der Chromsäure und ihre Bedeutung namentlich für die Kampferreihe.	Allg. Chem. Lab. d. Univ. Göttingen	Wienhaus	Göttingen
1	**Joseph Reitstötter**	9031	O.-R.-Sch.	Über die Darstellung kolloider Goldlösungen nach dem Keimverfahren.	Inst. f. anorgan. Chemie Göttingen	Zsigmondy	Göttingen

Universität Greifswald.

1	**Otto Grünebaum**	8718	G.	Über Triazene mit ungesättigten aliphatischen Komponenten.	Chem. Lab. d. Staats München u. Chem. Lab. d. Univ. Greifswald	Dimroth	Greifswald
2	**Fritz Heinze**	8742	G.	Über die Bromierung des Chinizarins und Alizarins.	Chem. Lab. d. Staats München u. Chem. Lab. d. Univ. Greifswald	Dimroth	Greifswald

Universität Halle a. S.

1	**Sophie Eggert**	11388	R.-G.	Über elektr. Leitvermögen fester Kristall-Schwermetallverbindungen.	Chem. Institut der Universität	Tubandt	Halle a. S.

Universität Heidelberg.

1	**Fanny Nadenheim**	11063	O.-R.-Sch.	Das Hydrazid und Azid der Isobutyläthyl-essigsäure.	Chem. Univ.-Labor. Heidelberg	Curtius	Heidelberg

Universität Jena.

1	**Josef Friedrichs**	10151	R.-G.	Über die Oxydation von Hydrazin und sym. Dibenzoylhydrazin.	I. Chem. Institut d. Univ. Jena	L. Wolff	Jena
2	**Alfred Thurm**	9637	R.-G.	Über Hydrazone und Diazoverbindungen.	I. Chem. Institut d. Univ. Jena	L. Wolff	Jena
3	**Karl Wegener**	10169	Ap. I	Über die Methoden der quant. Bestimmung des Siliciums in den Organen und Ausscheidungsprodukten des Menschen.	I. Chem. Institut d. Univ. Jena	L. Wolff	Jena
				Über Abkömmlinge des Tetrazans.			
4	**Walter Bauer**	8799	G.	Über das Tetraacetyltetrazan.	I. Chem. Institut d. Univ. Jena	L. Wolff	Jena

Universität Jena. Fortsetzung.

Laufende No.	Name des Promovierten	No. des Verbands-zeugnisses	Vorbildung	Titel der Dissertation	Bezeichnung des Laboratoriums	Name des Dozenten, welcher die Arbeit geleitet hat	Ort der Promotion ev. Fehlanzeige
5	**Willy Rossié**	10155	Ap. I	Über Piniensamen u. Piniensamenöl, sowie Walnuß- u. Hollunderbeerenöl.	Pharm. Inst. d. Univ. Jena	Matthes	Jena
6	**Johanna Sepp**	10769	R.-G.	Synthese von α-Thioglucosiden.	I. Chem. Inst. d. Univ. Jena	Schneider	Jena
7	**Ottilie Stiehler**	10768	R.-G.	I. Synthese von β-Thioglucosiden. II. Über die Einwirkung von Schwefelwasserstoff auf Zuckerarten.	I. Chem. Inst. d. Univ. Jena	Schneider	Jena

Technische Hochschule Karlsruhe i. B.

Laufende No.	Name des Promovierten	No. des Verbands-zeugnisses	Vorbildung	Titel der Dissertation	Bezeichnung des Laboratoriums	Name des Dozenten, welcher die Arbeit geleitet hat	Ort der Promotion ev. Fehlanzeige
1	**Viktor Gerber**	fehlt (Dipl. Zürich)	R.-G.	Gewinnung von Tonerde aus Ton.	Phys.-Chem. Inst. Karlsruhe	Askenasy	Karlsruhe
2	**Fritz Kayser**	5408	G.	Über ein Verfahren zur Darstellung aurierter Amide, Imide und Purine.	Farbenfabrik. vorm. Friedr. Bayer u. Co.	—	Karlsruhe

Universität Kiel.

Laufende No.	Name des Promovierten	No. des Verbands-zeugnisses	Vorbildung	Titel der Dissertation	Bezeichnung des Laboratoriums	Name des Dozenten, welcher die Arbeit geleitet hat	Ort der Promotion ev. Fehlanzeige
1	**Paul Karl Breuer**	11121	G.	Beitrag zur Kritik der Isomerieverhältnisse alkylierter Glutakonsäuren.	Chem. Inst. d. Univ. Kiel	Feist	Kiel
2	**Hans Prillwitz**	10976	G.	Über den Abbau des Pikrotoxinins mit Ozon.	Chem. Inst. d. Univ. Kiel	Horrmann	Kiel
3	**Friedrich Bischof**	10979	R.-G.	Das Pikrotoxinketon. Ein Beitrag zur Aufklärung der Konstitution des Pikrotoxins.	Chem. Inst. d. Univ. Kiel	Horrmann	Kiel

Universität Königsberg i. Pr.

Laufende No.	Name des Promovierten	No. des Verbands-zeugnisses	Vorbildung	Titel der Dissertation	Bezeichnung des Laboratoriums	Name des Dozenten, welcher die Arbeit geleitet hat	Ort der Promotion ev. Fehlanzeige
1	**Philipp Palm**	fehlt	G.	Beiträge zur Bestimmung der Chinaalkaloide.	Pharm.-chem. Inst. Königsberg	Rupp	Königsberg

Universität Leipzig.

1	**Franz Hein**	10762	R.-G.	Optische Untersuchungen über die Konstitution von Wismutverbindungen. Untersuchungen über Triphenylmethanderivate.	Chem. Lab. d. Univ. Leipzig	Schaefer u. Hantzsch	Leipzig
2	**Katharina Toepfer**	10752	R.-G.	Polymerisation und Autoxydation des Propenylbenzols und des p-Vinylanisols.		Stobbe	
1	**Gerhard Pescheck**	9769	G.	Über die gegenseitige Löslichkeitsbeeinflussung der Fettsäuren.	Labor. f. angew. Chemie u. Pharmaz. d. Univ. Leipzig	Waentig	

Universität Marburg.

1	**Robert Strohecker**	9459	O.-R.-Sch.	Beiträge zur Kenntnis der wässerigen Lösung der Kohlensäure.	Chemisches Institut Marburg	Thiel	Marburg

Universität München.

1	**Franz Mussgang**	10611	G.	Über Verbindungen des Wismuts.	Chem. Lab. d. Staat. d. Univ. München	Vanino	München
2	**Emilie Cherbulicz**	fehlt (Dipl.)	G.	Oxydation von β-Naphtolen mit dehydrierenden Mitteln.		Pummerer	

Universität Rostock.

1	**L. Wirtz**	11114	Ap. I	Über die Einwirkung von Ammoniak und von organischen Basen auf das Chlormethylat des 1-Phenyl-3-methyl-4-amino-5-chlorpyrazols.	Chem. Inst. Rostock	Michaelis-Stoermer	Rostock
2	**M. Hammerschmidt**	9962	Ap. I	Über einige substituierte Chalkone und Flavone.		Kunckell	

Universität Straßburg.

1	**Heinz Moritz Wuest**	9996	O.-R.-Sch.	Zur Isomerie der Benzofulvene u. Indene.	Chem. Inst. d. Univ. Straßburg.	Thiele	Straßburg
2	**Walter Bernthsen**	8220	H. G.	Über Isomerien in der Benzofulvenreihe.			

Universität Tübingen.

Laufende No.	Name des Promovierten	No. des Verbandszeugnisses	Vorbildung	Titel der Dissertation	Bezeichnung des Laboratoriums	Name des Dozenten, welcher die Arbeit geleitet hat	Ort der Promotion ev. Fehlanzeige
1	**Gerhard Koken**	11306	G.	Über das Verhalten von Keto-Enol-Desmotropen-Substanzen in alkoholischer Lösung, sowie über den Naphtyl-oxalessigester.	Chem. Lab. d. Univ. Tübingen	W. Wislicenus	Tübingen
2	**Walter Dietrich**	11461	R.-G.	Über Art, Entstehung und physiologische Bedeutung der Acidität beim Keimen der Gerste.	Inst. f. Gärungsgewerbe, Berlin	W. Windisch	Tübingen

Universität Würzburg.

1	**Heinrich Bauch**	7639	R.-G.	Beiträge z. gerichtlich-chemischen Analyse	Lab. f. angew. Chem. d. Univ. Würzburg	A. Heiduschka	Würzburg
2	**Karl Lüft**	9210	G.	Das fette Öl der Samen von Oenothera Biennis.	Lab. f. angew. Chem. d. Univ. Würzburg	A. Heiduschka	Würzburg

K.

Übersicht über die Promotionen.

Die Zahlen unter:

I. beziehen sich auf Promovierte **mit** Verbandszeugnis,
II. » » » » **ohne** » aber **mit** einer gleich- oder höherwertigen Prüfung,
III. » » » » **ohne** » und **ohne** gleich- oder höherwertige Prüfung,
IV. sind die Summen von I—III.

Ort	Charakter der Hochschule	Bezeichnung des Laboratoriums	I.	II.	III.	IV.
Aachen	Technische Hochschule	Org. Lab.	1	—	—	1
Berlin	Universität	I. Chem. Inst.	9	—	—	9
Berlin	Technische Hochschule	Anorg. Labor.	—	1	—	1
Berlin	» »	Org. Lab.	2	1	—	3
Bonn	Universität	Chem. Inst.	2	—	—	2
Breslau	»	Chem. Inst.	3	—	—	3
Darmstadt	Technische Hochschule	Chem. Inst.	1	—	—	1
Dresden	» »	Chem. Labb.	3		—	3
Erlangen	Universität	Labor. f. angew. Chem.	1	—	—	1
Frankfurt a. M.	»	Chem. Inst.	9	—	—	9
Freiburg i. B.	»	Chem. Labor. (naturw. Abt.)	1	1	—	2
Göttingen	»	Allg. Chem. Lab.	—	—	1	1
Göttingen	»	Inst. f. anorg. Chem.	1	—	—	1
Greifswald	»	Chem. Inst.	2	—	—	2
Halle a. S.	»	Chem. Inst.	1	—	—	1
Heidelberg	»	Chem. Lab.	1	—	—	1
Jena	»	I. Chem. Inst.	7	—	—	7
Karlsruhe i. B.	Technische Hochschule	Chem. Labb.	1	1	—	2
Kiel	Universität	Chem. Inst.	3	—	—	3
Königsberg i. Pr.	»	Pharm.-chem. Inst.	—	—	1	1
Leipzig	»	Chem. Lab.	2	—	—	2

Ort	Charakter der Hochschule	Bezeichnung des Laboratoriums	I.	II.	III.	IV.
Leipzig	Universität	Lab. f. angew. Chem.	1	—	—	1
Marburg	»	Chem. Inst.	1	—	—	1
München	»	Chem. Lab. des Staates	1	1	—	2
Rostock	»	Chem. Inst.	2	—	—	2
Straßburg	»	Chem. Inst.	2	—	—	2
Tübingen	»	Chem. Lab.	2	—	—	2
Würzburg	»	Lab. f. angew. Chem.	2	—	—	2
			61	5	2	68

L.

Nachtrag zu Heft 19.

Register der Verbandszeugnisse.

Universitäts-Laboratorium Jena.

Aufgedruckte No. der Zeugniskarte	Vorname	Zuname	Geburtsort	Vorbildung	Examinatoren	Datum der Ausfertigung	Art der Prüfung
S.-S. 16							
10768	**Ottilie**	**Stiehler**	Auerbach i. V.	R.-G.	Hantzsch	31./5. 16	V.
10769	**Johanna**	**Sepp**	Magdeburg	R.-G.	Knorr	31./5. 16	V.
11221	**Marie**	**Voigt**	Erfurt	Techn. Sem.	i. V. Wolff	21./7. 16	V.

Demnach erhöht sich die Zahl
der im Sommersemester 1916 ausgestellten Verbandszeugnisse von 55[1]) auf 58,
und die Gesamtzahl der bis Ende des Wintersemesters 1916/17 ausgestellten Verbandszeugnisse von 9066[1]) auf 9069.

[1]) Vgl. Heft 19 S. 23.

M.

Alphabetisches Verzeichnis der Kandidaten.

D bedeutet Duplikat, E Ergänzungsprüfung, P Promotion, V Verbandsprüfung.

Ahrens, Walter 32. V.
Anger, Gerda 28. V.
Anselm, Franz 30. V.
Asche, Adolf 31. V.

Bamberger, Seligmann 35. V.
Bauch, Heinrich 46. P.
Bauer, Walter 43. P.
van Bergen, Lambert 38. E.
Bergmann, Albert 34. V.
Bernthsen, Walter 45. P.
Beuther, Annemarie 31. V.
Bischof, Friedrich 44. P.
Blasberg, Carl 34. V.
Boes, Friedrich 31. V.
Bohnen, Ernst 33. V.
Bößenecker, Fritz 33. V.
Brauer, Erich 28. V.
Breuer, Paul Karl 44. P.
Brömme, Nicolai 31. V.
Brückmann, Hans 29. V.
Buch, August 33. V.
Bülow, Hans 41. P.
Büscher, Friedrich 28. V.

Carstens, Margar. 33. V.
Chales de Beaulieu, Ruth 31. V.
Cherbulicz, Emilie 45. P.
Conrad, Eva 28. V.

Dangschat, Paul 28. V.
Dietrich, Walter 46. P.
Dorner, Karl 38. E.
Dott, Hans 40. P.
v. Drahten, Eduard 40. P.
Düesberg, Marianne 32. V.

Eggert, Sophie 30. V. 43. P.
Ehrlich, Marta 28. V.
Eisenhut, August 32. V.
English, Frank 42. P.
Ernst, Ilse 29. V.

Feldkirchner, Johann 33. V.
Finne, Erling 41. P.
Fischer, Georg 34. V.
Flater, Arnold 34. V.
Franck, Gustav 32. V.
Friedrichs, Josef 43. P.
Fritsch, Hildeg. 33. V.
Fritz, Heinrich 29. V.

Gauff, Rudolf 42. P.
Geißler, Lotte 29. V.
Gerber, Viktor 44. P.
Gevosdz, Joseph 40. P.
Gfrörer, Otto 2. D.
Ginellis, Agesilaos 28. V.
Glaser, Edith 29. V.
Glorius, Elisabeth 35. V.
Goebel, Ilse 32. V.
Grünebaum, Otto 43. P.

Haberer, Walter 35. V.
Haller, Josef 41. P.
Hambsch, Otto 33. V.
Hammerschmidt, M. 45. P.
Hanekop, Erika 31. V.
Hardt, Albin 38. E.
Hardtmann, Max 32. V.
Haunschild, Hans 33. V.
Hebler, Felix 34. V.
Heermann, Irene 33. V.
Heidrich, Dorothea 29. V.
Heifer, Otto 42. P.
Hein, Franz 45. P.
Heinrich, Carl 33. V.
Heinze, Fritz 43. P.
Hellige, Erich 30. V.
Heyn, Myron 41. P.
Hieber, Walter 35. V.
Hils, Karl 34. V.
Holst, Walter Fl. 32. V.
Hörbye, Christian 41. P.
Hurtzig, Leopold 33. V.

Jäger, Paul 29. V.
Jenisch, Waldemar 28. V.
Jungblut, Aug. 40. P.

Kahlert, Max 41. P.
Katz, Helmuth 32. V.
Kaufmann, Waldemar 30. V.
Kayser, Fritz 44. P.
Keßler, Elisabeth 42. P.
Kintzinger, Maria 34. V.
Kirberger, Leopold 39. P.
Kleinmann, Hans 28. V.
Klumpp, Eberhard 35. V.
Knickenberg, Paula 34. V.
Koken, Gerhard 46. P.
Korten, Ernst 29. V.
Kortmann, Konstant 31. V.
Krahmer, Anna 39. P.
Krauch, Emil 31. V.
Krause, Fritz 28. V.
Kres, Emma 29. V.

Landauer, Max 33. V.
Langfurth, Hugo 42. P.
Lasztovicza, Alexand. 33. V.
Lauth, Hildegard 32. V.
Lecher, Otto 28. V.
Leibbrandt, Fritz 42. P.
Lemberg, Rudolf 29. V.
Lenz, Käthe 30. V.
Loos, Emilie 42. P.
Lövy, Lucy 32. V.
Löwenberg, Bruno 40. P.
Lüft, Karl 46. P.

Markus, Gertrud 29. V.
Max, Fritz 41. P.
Meier, Kurt 30. V.
Meisner, Joseph 35. V.
Melber, Walter 42. P.
v. Merkatz, Adelheid 39. P.
Merkel, Paula 33. V.
Meyer, Marie 32. V.
Möller, Paul 31. V.
Mugdan, Susanne 33. V.
Mussgang, Franz 45. P.
Mühlhäuser, Heinrich 33. V.
Müller, Elisabeth 33. V.
Müller, Erich 33. V.
Müller, Franziska 31. V.
Müller, Karl 31. V.
Müller, Richard 31. V.

Nadenheim, Fanny 43. P.
Nissen, Araminta 32. V.
Noack, Friedrich 32. V.
Nouri, Osmann 40. P.

Obermaier, Werner 30. V.
Oberste-Berghaus, Ilse 31. V.
Ohle, Heinz, 39. P.

Oppenheimer, Gertrud 42. P.
Otto, Annemarie 29. V.

Palm, Philipp 44. P.
Pescheck, Gerhard 45. P.
Peter, Marta 32. V.
Ponndorf, Wolfg. 40. P.
Post, Fritz 41. P.
Prillwitz, Hans 44. P.
Pupkow, Elias 33. V.

Racke, Friedrich 30. V.
Rau, Gertrud 33. V.
Reipprich, Georg 32. V.
Reitstötter, Joseph 43. P.
Riemer, Karl 29. V.
Riffert, Elli 30. V.
Rinke, Fritz 34. V.
Robl, Rudolf 29. V.
Rolfes, Hans 30. V.
Rost, Gustav 29. V.
Rossié, Willy 44. P.
Römer, Albert 31. V.
Ruland, Kathar. 29. V.

Salomon, Carry 32. V.
Sapper, Eugen 31. V.
Sarres, Heinrich 2. D.
Schindhelm, Hans 30. V.
Schlee, Heinrich 30. V.
Schlesinger, Erich 42. P.
Schlieper, Elisabeth 31. V.
Schmidt, Horst 33. V.
Schmidt, Max 28. V.
Schroeter, Kurt 31. V.
Schulz, Ernst 40. P.
Schulze, Margarete 31. V.
Schumann, L. 39. P.
Schweizer, Robert 34. V.
Seebohm, Hans Bernhard 29. V.
Seidel, Paul 29. V.
Sepp, Johanna 44. P. 49. V.
Seßler, Helene 31. V.
v. Steiger, Alex. 33. V.
Stein, Berthold 42. P.
Stiehler, Ottilie 44. P. 49. V.
Stojanová, Marie 33. V.
Strauß, Walter 32. V.
Strohecker, Robert 45. P.

Tacke, Ida 28. V.
Täschlein, Heinrich 34. V.
Thurm, Alfred 43. P.
Toepfer, Katharina 45. P.
Tornow, Elisabeth 32. V.
Treibs, Wilhelm 43. P.
Tust, Paul 33. V.
Typke, Kurt W. 28. V.

Ulrich, Heinrich 29. V.
Unger, Karl 30. V.

Vierheller, Hugo 29. V.
Voigt, Marie 49. V.

Walther, Georg 31. V.
Weber, Wilhelm 34. V.
Wegener, Karl 43. P.
Weidmann, Hans 33. V.
Weiland, Adolf 28. V.
Weitz, Lucie 34. V.
Wilkendorf, Rudolf 39. P.
Winter, Wilhelm 41. P.
Wipperling, Margar. 30. V.
Wirtz, L. 45. P.
Wollmann, Hedwig 29. V.
Wuest, Heinz Moritz 45. P.

Zeller, Oskar 40. P.
Zimmermann, Alexand. 34. V.
Zocher, Hans 28. V.

Druck von Oskar Leiner in Leipzig. 37107

FSC
www.fsc.org
MIX
Papier | Fördert gute Waldnutzung
FSC® C083411

Kolibri 360 GmbH
Ferdinand-Jühlke-Straße 7
99095 Erfurt, Deutschland
produktsicherheit@kolibri360.de